山羊全混合颗粒饲料配制与饲养新技术

◎ 魏金涛　郭万正　编著

中国农业科学技术出版社

图书在版编目（CIP）数据

山羊全混合颗粒饲料配制与饲养新技术 / 魏金涛，郭万正编著 . —北京：
中国农业科学技术出版社，2019.1

ISBN 978-7-5116-3679-9

Ⅰ.①山… Ⅱ.①魏… ②郭… Ⅲ.①山羊—饲料—配制 ②山羊—饲养管理
Ⅳ.①S827

中国版本图书馆 CIP 数据核字（2018）第 264418 号

责任编辑	崔改泵　李　华
责任校对	马广洋
出 版 者	中国农业科学技术出版社
	北京市中关村南大街12号　　邮编：100081
电　　话	（010）82109708（编辑室）　（010）82109702（发行部）
	（010）82109709（读者服务部）
传　　真	（010）82106650
网　　址	http：// www.castp.cn
经 销 者	各地新华书店
印 刷 者	北京富泰印刷有限责任公司
开　　本	787mm×1 092mm　1/16
印　　张	13.25
字　　数	275千字
版　　次	2019年1月第1版　　2019年1月第1次印刷
定　　价	32.00元

《山羊全混合颗粒饲料配制与饲养新技术》

编著委员会

主 编 著：魏金涛　郭万正

副主编著：樊启文　张　巍　赵　娜　索效军

编著人员：陈　芳　黄少文　严念东　杜恩存

　　　　　杨雪海　张　年　陈明新

前　　言

养羊业是我国畜牧业的支柱和优势产业，其生产发展关系食品质量安全、农业产业结构调整和农牧民的增收。

改革开放40年来，我国山羊产业发展迅速，成就显著，山羊存栏数、出栏数、羊肉产量均排在世界第一位。尤其是2015年中央一号文件提出要加快发展草牧业及2016年农业部办公厅印发《关于促进草牧业发展的指导意见》（农办牧〔2016〕22号）以来，传统的山羊养殖模式已满足不了现代羊产业的发展，规模化、标准化舍饲正逐渐成为山羊产业发展的主要模式。

全混合颗粒饲料是根据山羊不同生长阶段的营养需要（包括蛋白质、能量、碳水化合物、矿物质和维生素等），设计出合理的配方，准确称取各原料，用特制的搅拌机将粉碎的粗饲料、精饲料和各种饲料添加剂进行充分混合后使用颗粒饲料生产线加工而成的颗粒型饲料。具有营养全面、均衡、消化率高、生物安全性好，能降低饲料成本及饲养成本，且能够充分利用当地粗饲料资源尤其是秸秆资源，提高养羊效益，减少秸秆焚烧对环境的污染等诸多优点。

湖北省农业科学院畜牧兽医研究所动物营养创新团队自2013年起在湖北省农业科技创新中心的支持下对"规模羊场全混合颗粒饲料制造和饲用技术研发与示范"项目进行了深入、系统的研究。研究成果突破了山羊规模养殖过程中饲料配制与加工方面的技术瓶颈，可以有效地提高秸秆饲料化利用效率，降低养羊成本，饲养效果优于传统的山羊养殖模式。为推动科研与生产的紧密结合，项目组组织有关专家编写了《山羊全混合颗粒饲料配制与饲养新技术》一书。

本书具有较强的科学性、综合性和实用性。内容包括山羊生产与全混合颗粒饲料配制概述、山羊的生活习性及消化生理特点、山羊的营养需要与饲养标准、山羊常用饲料原料分类、营养特点及品质控制、山羊全混合颗粒饲料科学配制方法、山羊全混合颗粒饲料生产方法、山羊全混合颗粒饲料饲养技术及全混合颗粒饲料配方实例。其中，全混合颗粒饲料配方实例中所列配方大部分为成果研发过程中真实使用的配方。

山羊全混合颗粒饲料配制与饲养新技术

本书可供山羊养殖专业技术人员、基层畜牧兽医工作者及广大养羊场（户）参考、应用。由于水平有限，书中难免有遗漏、不妥和错误之处，敬请广大读者批评指正。

编著者

2018年9月

目 录

山羊全混合颗粒饲料配制与饲养新技术

第一章　山羊生产与全混合颗粒饲料配制概述

第一节　山羊生产概述

一、发展养羊业的重要意义

（一）养羊业关系食品质量安全

食品安全问题是全球关注的焦点，受到各国政府和全社会的高度重视。兽药残留对人和动物造成极大的危害，解决兽药残留问题是提高动物源食品质量，保障其安全的关键环节。随着我国经济发展和人口增长、城镇化进程加快、城乡居民消费结构优化升级，羊肉的消费需求快速增长。羊肉性甘温，益气补中，肌纤维细嫩、柔软，蛋白质及氨基酸含量高，脂肪和胆固醇含量相对较低，是重要的"菜篮子"产品。从食品安全来讲，羊肉生产过程不需加抗生素，是安全绿色食品，且羊肉营养价值高。特别是畜禽饲料中不安全添加剂使用较普遍的条件下，羊肉具有相对的安全性，必将成为人类的首选肉食，所以养羊业市场十分看好。

（二）养羊业关系畜牧业产业结构调整

养羊业是畜牧业的重要组成部分。在世界养羊业迅猛发展的今天，中国养羊业也取得了长足的发展，养殖方式进一步转变，生产水平不断提高，饲养量和产品产量持续快速增长。随着畜牧业结构调整步伐的加快，养羊业在畜牧业中的占比不断增加，已成为推动中国农村经济发展的重要产业。衡量一个国家农业发达程度一是畜牧产值在农业总产值中的比重，二是草食畜牧业在畜牧总产值中的比重。根据国家统计数据，2016年，我国畜牧总产值为31 703.2亿元，占农业总产值的比重为28.28%，较欧美等发达国家约50%的比重相比仍有较大的空间。在畜牧业中，山羊等草食家畜养殖发展相对滞后，据我国国民经济和社会发展统计公报，2016年我国草食家畜在畜牧业中产值占比仅为14%，我国肉类总产量8 540万t，其中羊肉产量459万t，比重仅为5.37%，与发达国家相比差距更远。结合国家实施的藏粮于地、粮改饲、发展草牧业等战略需求，利用农作物秸秆闲置资源，大力发展节粮型的养羊业是畜牧业结构调整的需要。

（三）养羊业关系农牧民增收

我国农村经济基础相对比较薄弱，尤其是在交通、信息不畅的山区，传统农业缺乏竞争力，经济效益不高，农民致富难度较大。但是，随着国家各项农村经济政策的贯彻落实，加之农村具有丰富的草场和农副产品资源，养羊投资少，周转快，对调动农牧民养羊的积极性，推动养羊产业的发展创造了有利的条件。因此，随着农业产业结构调整和市场发展的需要，在全国广大农牧区，掀起了发展养羊业的热潮，取得了初步成果和明显的经济效益，增加了从事山羊养殖业农牧民的经济收入。

二、我国山羊产业发展现状

山羊是世界上分布最广泛的家畜之一，养殖历史十分悠久，远在7 000年前的新石器时代，山羊已被驯化为家畜。在距今4 000～5 000年，位于我国北方地区的龙山文化的晚期，就发现了大量家畜的骨骼，其中就有羊骨。近现代以来，养殖业也伴随着工业文明飞速发展，在数量和质量上都有了巨大飞跃。进入21世纪以来，在经济全球化的大背景下，农牧产品市场也十分活跃，这些都为养羊业的转型和发展提供了巨大空间，国内的养羊行业也在悄然发生变化。

改革开放40年来，我国山羊产业发展迅速，成就显著，我国山羊存栏数、出栏羊数、羊肉产量均排在世界第一位。根据中国畜牧业协会养羊业分会资料，出栏500只以上的场（户）比重由2012年的9.6%提高到2016年13.7%。2015年出栏1～29只的养殖场（户）占69.19%，30～99只占19.65%，100～299只占7.08%，300～499只占2.22%，500～999只占0.93%，1 000只以上占0.93%。尤其是2015年中央一号文件提出要加快发展草牧业及2016年农业部印发《关于促进草牧业发展的指导意见》（农办牧〔2016〕22号）以来，山羊产业发展更为迅猛。至2017年年底，我国山羊存栏量已达1.5亿只以上，占据肉羊养殖的半壁江山。表1-1为我国2012—2016年山羊生产的数据。

表1-1　2012—2016年我国山羊生产数据

指标	2012年	2013年	2014年	2015年	2016年
羊年底只数（万只）	28 504.1	29 036.3	30 314.9	31 099.7	30 112.0

（续表）

指标	2012年	2013年	2014年	2015年	2016年
其中：山羊（万只）	14 136.2	14 034.5	14 465.9	14 893.4	13 976.9
绵羊（万只）	14 368.0	15 001.7	15 849.0	16 206.2	16 135.1
羊出栏数量（万只）	27 099.6	27 586.8	28 741.6	29 472.7	30 694.6
羊肉产量（万吨）	401.0	408.1	428.2	440.8	459.4
占肉类总产量比例（％）	4.8	4.8	4.9	5.1	5.4

注：国家统计局资料

（一）山羊产业的现状

1.分布广，饲养区域性显著

我国山羊养殖分布较广，在全国32个省、市、自治区均有山羊饲养。从山羊分布的生态条件，结合行政区域，可将我国山羊的分布划分为8个生态地理区域：东北农区、内蒙古地区、华北农区、西北农牧交错区、新疆牧区、中南农区、西南农区和青藏高原区。

2.品种资源丰富，发展迅猛

我国的山羊品种资源十分丰富，而且具有许多优良的特征：如繁殖率高，适应性强，抗逆性、抗病力强，特别是在高温、高湿、高寒等严酷的生态条件下，仍具有较强的生命力，对各种疫病的抵抗力也要优于国外品种，这与我国山羊群体含有特殊的基因资源密切相关。据《中国畜禽遗传资源志》介绍，我国现有山羊品种69个，其中地方品种58个，包括宜昌白山羊、马头山羊、内蒙古绒山羊、辽宁绒山羊等；选育品种8个，包括关中奶山羊、南江黄羊等；引入品种3个，包括萨能奶山羊、安哥拉山羊和波尔山羊。

近几年来，随着市场经济的发展和人民日益增长的美好生活需要，各级地方政府对养羊生产发展十分重视，通过优惠发展政策的制定，资金上的积极扶持，市场的开拓等途径为山羊产业发展奠定了良好的外部环境和内部生产条件，山羊养殖业发展速度日益加快，养羊生产规模化、产业化程度越来越高。据统计，我国现已经有河南、山东、四川、内蒙古等8个省份山羊存栏量超过500万只。

3.精准扶贫的好项目

发展山羊养殖是实现贫困户脱贫的一项有效方式。我国多数深度贫困地区位于山区，有着较为丰富的农作物秸秆、天然草地资源、野草、树叶等饲草料资源，选择养羊为扶贫项目，效益高、脱贫速度快，而且有利于贫困户长期发展、逐步实现共同富裕。国内现已有多个养羊扶贫的典型案例，如贵州务川的构树饲料养羊扶贫模式、湖北罗田按照"五位一体"模式实施黑山羊"33111"产业脱贫工程，带动贫困户增收致富。

（二）山羊产业发展存在的问题

1. 优良品种缺乏，地方山羊品种退化严重

良种是发展规模养羊，提高养殖效益的基础。我国山羊地方品种资源丰富，南江黄羊、马头山羊、宜昌白山羊、板角山羊、雷州山羊等优良品种都具有作为肉用山羊生产基础品种的优点，但是通过国家审定的优质肉用山羊培育品种却很少。近年来，我国陆续从国外引进山羊优良品种，进行纯种繁育或与地方品种杂交以提高生产性能，先后取得了许多不错的成绩，但由于引种上缺乏宏观调控，致使引进的肉用羊品质参差不齐。同时由于使用不当且繁育体系不健全，使得杂种优势未能得到有效的利用。总之，目前我国山羊品种良种化程度仍然较低，羊肉生产仍以地方品种为主，其生产水平远远没有达到发达国家水平。

2. 饲养方式落后，管理不科学

受传统放牧养羊的习惯影响，目前，我国山羊养殖的饲养方式仍十分落后，管理十分不科学，多数山羊养殖场沿用传统的精粗分饲的喂养方法，以散养为主，未形成规模化养殖。农户的这种散养方式可以充分利用家庭的闲置劳动力、农作物秸秆等多种资源，在有效降低饲养成本的同时，也增加了家庭的经济收益。但散养导致羊只育肥周期较长，且难以分群饲养，品种比较混杂。另外，散养户没有切实可行的消毒制度和防疫管理措施，烈性传染病发病率高，死亡率较高，疾病预防工作难以开展，散养已成为制约我国养羊业发展的主要因素，在很大程度上阻碍了先进的饲养技术、繁殖技术和疾病防控技术的推进。

3. 日粮营养供给不精准

山羊瘤胃是一个大发酵罐，能分解纤维素、半纤维素等形成挥发性脂肪酸而利用。饲草、农作物副产品和粮油加工副产品等粗纤维含量高的饲料原料也能较高效率的利用。饲草、农作物副产品等粗饲料受季节、刈割时期、加工方式、产地等不同，营养变异较大，营养物质很难精准供给。目前，猪禽的饲料已经基本实现了全价饲料的饲喂，但是对于草食家畜羊来说，还基本上没有实现精准的饲草料配比的日粮供给，而且传统养羊观念也认为羊是吃草的，足够的草料饲喂和放牧即可养好山羊。虽然，近年来，全混合日粮（TMR）配制技术被采用和逐渐推广，山羊日粮营养的均衡性、营养物质的消化利用率得到了一定程度的提高。但是依然存在着TMR加工设备成本高、需要对传统羊舍进行配套改造，规模化程度不高的羊场不适合使用TMR以及秸秆等农副资源适口性不好造成资源浪费等原因限制了TMR技术在山羊养殖中的应用。

4. 环境污染严重

环境污染是制约山羊规模化养殖的重要问题之一，如山羊粪便中含有大量没有消化的氮、磷等营养物质，饲料添加剂中包含的铜、铁、锌等重金属以及药物和药物的代谢产物等被养殖户随意倾倒或堆放，甚至直接排放入江河湖泊中，造成环境污染。山羊反刍过程中产生的嗳气主要成分为甲烷，甲烷是导致全球气候变暖的主要温室气体，其温室效应是二氧化碳温室效应的 $20 \sim 30$ 倍，而大气中甲烷总量的15%左右是由反刍动物瘤胃发酵产生的。

5. 屠宰加工环节薄弱

我国山羊生产体系尚处于初级阶段，羊的饲养、屠宰、加工、运输、销售等过程严重脱节，肉的品质及卫生条件无法追根溯源，致使产生了许多难以满足消费者的不放心肉，给山羊产业造成了很大的经济损失，同时还威胁着人类的健康。另外由于政府监管不严，私屠滥宰现象时有发生，致使羊肉产品优质优价机制未能形成，降低了产品的潜在增值效益。

6. 生产成本高，比较效益差

随着我国养羊业由传统的散养向规模化、集约化养殖的转型，养殖方式势必会由放牧转为舍饲，使原先可以免费利用的饲料资源不能利用，额外增加了饲料成本。同时需要投入更多的劳动力从事饲养、管理等工作，一定程度上增加了劳动力成本。另外，在近些年饲料价格和人工费用大幅增长的同时，受到国外羊肉市场的冲击，近两年国内羊肉价格比较低迷，导致收益较低，甚至亏损。

7. 疫病防控形势严峻

由于政府补贴覆盖面不够，个别地区养殖户为了不亏损或少亏损，对于已经出现的疫病存在瞒报、谎报或报告不及时的现象；同时由于市场机制不完善及管理不到位，一些小商小贩随处低价收购病羊、死羊，这都在一定程度上导致了传染性疾病的蔓延甚至暴发。

三、山羊产业发展趋势

（一）全球山羊产业发展趋势概况

20世纪的60年代以前，生产羊毛是全世界养羊业的发展重点。60年代起，由于材料学的发展，工业纤维对毛羊产业造成了很大的冲击，导致纺织业中羊毛生产的比重逐渐下降，羊毛的需求也不断萎缩，世界养羊业的发展呈现多元化发展的趋势。80年代中期以后，国际市场上的羊肉售价大约为4.5美元/kg，而当时羊毛的价格仅为羊肉的50%左右。两者之间如此巨大的价格差距，使世界整个养羊业发生了侧重点的转移和生产结构的调整，逐渐从毛用羊的养殖转移到了肉毛兼用羊的养殖上来。比如现今英国羊养殖的品种一共有37种，几乎全都是产肉羊；60年代以前，美国产毛的羊占羊养殖总量的六成以上，如今比例则下降到不足一成。肉毛兼用的品种已上升到八成以上；澳大利亚素以生产羊毛著称，现在也开始着力发展肉用羊；其他发展中国家的养羊业虽然相对落后，但是发展迅速，羊肉产量也不断攀升。根据联合国粮食及农业组织的调查数据显示，羊肉产量自20世纪80年代末的约900万t到目前的约1 400万t，20多年来增长了43.9%。而羊毛的产量却从1990年的339.3万t，下降到目前的212.7万t，降幅约为37.3%。截至目前，世界主要羊肉生产大国为：中国、印度、澳大利亚、新西兰、巴基斯坦、伊朗、土耳其、英国、苏丹和尼日利亚，这些国家的羊肉产量总和可以达到世界羊肉总产量的60%左右。进口国也集中在发达国家，主要有欧盟、美国、日本、沙特阿拉伯和俄罗斯。从总体上看，和其他家畜肉类产品相比世界羊肉出口价格处于大幅度增长的趋势，猪肉和鸡肉的出口价格总体呈负增长，这说明羊肉产品和同类产品（如猪肉、鸡肉等）相比，有着越来越强的国际竞争力。

（二）我国山羊产业发展趋势

1. 饲养量增长迅速，产业主导方向发生改变

全国山羊存栏由1980年年末的5 000多万只已逐年增长至2017年年末的1.5亿只，成为世界上山羊饲养量、出栏量、羊肉产量最多的国家。养羊产业的主导方向也发生了变化，出现了由毛用转向肉毛兼用直至肉用为主的发展趋势，羊绒生产也向着提高绒纤维细度和绒毛产量方向发展。由于人们对美好生活的向往，羊肉生产也将逐渐由数量型增长向质量型增长改变，羊羔肉由于具有高蛋白、低脂肪、低胆固醇，肉质鲜嫩多汁，美味可口等优点导致了羊肉生产由成年淘汰羊和羯羊向羔羊转变。

2. 种业成为发展核心，品种良种化程度不断提高

种业是现代山羊产业发展的基础，品种是养殖业发展的关键因素。发达国家凭借其技术优势和完善的联合育种体系，持续选育提高羊的生产性能水平，波尔山羊等品种逐渐占据了国际种业市场主流。我国山羊遗传资源丰富，但生长速度、屠宰率等肉用性能落后于国外品种。为了降低对国外品种的依赖，加快我国肉羊遗传改良进程，完善肉羊良种繁育体系，国家已经启动了全国肉羊遗传改良计划（农办牧2015年17号文件），建设国家肉羊遗传评估中心，区域性生产性能测定中心，遴选国家肉羊核心育种场，开展良种登记、性能测定、遗传评估等育种工作，提高生产性能，提升供种能力。近年来，我国也先后育成了一批山羊新品种。这些新品种的主要特点是经济早熟，生产性能好，繁殖力强，遗传稳定性强，适应性强，如短毛羯羊、关中奶山羊、南江黄羊等。

3. 羊肉消费呈现增长趋势

随着人们收入水平和生活水平的不断提高，中国人的食品消费结构正在快速变化中，对肉食特别是羊肉的消费需求，正在快速增长。从2011年到现在，羊肉消费在过去的几年里稳步增长，在2013年为433.65万t，2014年为455.85万t，2015年为462.71万t，2016年为459.4万t，2017年达到468万t。按照这样的增长趋势，预计到2020年中国羊肉供需为530万t左右，与新西兰、欧洲等发达国家相比，在人均羊肉消费量上，仍有极大增长空间，预计到2024年中国羊肉供需缺口在30万t左右。

4. 地方品种受到重视

随着国外品种的大规模推广，很多地方品种不断被杂交，纯种数量下降，遗传多样性越来越窄，杂交群体血统不清。《全国肉羊遗传改良计划（2015—2025）》中提出，要开展马头山羊等地方品种的选育，扩大育种群规模，推进良种登记和性能测定，提高肉用性能和供种能力；同时在系统规划的基础上，因地制宜的筛选优势杂交组合。

5. 养羊业向环保（生态）养殖模式发展

养羊业与生态环境的和谐发展，才能促进养羊产业链向后延伸，进而带动农民致富奔小康。各地提倡适度规模养殖企业发展，构建种养结合、农牧循环的家庭牧场，并结合中央环保政策，使养羊企业向环保养殖模式发展。2017年，中央财政安排资金187.6亿元，继续支持实施草原生态保护补助奖励政策。2017年6月12日，国务院办公厅印发了《国务院办公厅关于加快推进畜禽养殖废弃物资源化利用的意见》（国办发〔2017〕48号），计划到2020年，建立科学规范、权责清晰、约束有力的畜禽养殖废弃物资源化利用制度，构建种养循环发展机制，全国畜禽粪污综合利用率达到75%以上，规模养殖场粪污处理设施装备配套率达到95%以上，大型规模养殖场粪污处理设施装备配套率提前一年达到100%。另外无抗养殖（养殖过程中不用抗生素、激素以及其他外源性药物）是今后发展的必然方向。

6. 设施养羊步伐加快

为了提高劳动效率和管理水平，越来越多的规模化养羊场装备了机械设施，如用固定式TMR搅拌机，混合好的日粮用撒料车进行投料；或用移动式TMR饲喂设备进行日粮混合和投料；用推料车整理料槽中的日粮。羊舍为大跨度、宽饲喂通道、平地式饲槽，配备风扇、风机、湿帘等降温设备，楼式羊舍多用自动刮粪板清粪。粗料揉搓机、打捆机、青贮收割机、裹包机、青贮取料机等设备也在推广应用中。

7. 产业链发展模式已形成

目前普遍采用"农户+专业合作社""企业+合作社+基地+农户"等形式盘活闲

置养殖资源，因地制宜完善产业链建设，是为农牧民增加收入探索的一条政府满意、公司获利、农户受益的产业化经营之路，是集种羊繁育、育肥羊养殖、全价草颗粒饲料加工、肉羊规模养殖、屠宰加工、生产研发为一体的现代化种养产加销的产业链式发展模式。这种新的模式为养羊业的发展和农牧户的脱贫起到了重要作用。

四、山羊饲料应用现状及存在的问题

（一）农作物秸秆饲料化应用现状及存在的问题

我国每年秸秆产量约9亿t，秸秆饲料化利用的比例不足20%。秸秆通过稀酸处理、碱处理、蒸汽爆破、微生物预处理、热水处理、氨纤维爆炸、挤出预处理、微波预处理和生物处理等预处理方法处理后可以提高利用率，但是需要价格高昂的设备使秸秆在实际应用中受到制约。因此，国内外秸秆饲料化利用的主要方法仍为直接饲喂、青贮、黄贮、氨化等。秸秆直接用作饲料存在诸多问题：适口性差导致采食率低；消化率低导致消化时间长，如纤维类，即使是厌氧微生物分泌的酶也难以将其降解；营养成分含量不均衡，粗蛋白含量和有效能量低，使得秸秆类饲料不能被充分利用；随着贮存时间的延长，青绿作物秸秆的营养成分会大大降低。因此，秸秆直接饲喂的价值不高并易造成资源的浪费。有效地利用秸秆进行加工转化，研究出效果好、成本低、适合我国国情的秸秆饲料加工方法，可以对我国畜牧业的健康、快速发展起到重要的推动作用。

（二）青贮饲料的应用现状及存在的问题

青贮饲料是以青饲料为原料，经乳酸菌发酵而成，是反刍动物冬春季节的优质饲料，也是青饲料生产旺季储存的最佳方式。随着草食畜牧业的发展，青贮饲料产业化与专业化的程度逐渐增高，一些青贮饲料生产专业合作社雨后春笋般的涌现。按照市场调查状况，估计全国每年可以生产各类青贮饲料约2.6亿t，总值约870亿元。但是，青贮饲料具有轻泄的作用，不适合作为山羊唯一的饲料饲喂，饲喂量也不宜过多，尤其是妊娠后期母羊饲喂量要适当，以防引起流产。

（三）全混合日粮的应用现状及存在的问题

全混合日粮（TMR）是根据动物营养需求特点，将粗饲料、精饲料、矿物质、维生素和其他营养添加物通过TMR加工设备进行加工，制成一种全价混合日粮的饲养技术。羊TMR饲料的优点是混合均匀，营养全面均衡。应用TMR技术能够改善饲料适口性，提高羊只采食量，减少饲料浪费，提高饲料转化效率，降低饲养成本，提高劳动生产率和经济效益。使用TMR技术，有利于推进养羊业实现集约化、规模化和标准化养殖。但是，TMR技术需要投入TMR搅拌车，改造羊舍与TMR饲料搅拌车相匹配，混合、称量设备等大量的资金投入，一次性投入成本较高。TMR饲料由于原料含有一定的水分，同时在TMR配制过程中也会加入一定的水分，因此，TMR饲料较容易变质，如果用变质的TMR饲喂山羊，容易导致其生长性能下降，严重的甚至死亡，给养殖户带来一定的经济损失。同时，TMR饲料是根据山羊不同生长阶段的营养需要配制，其饲喂技术对分群要求较高，对饲用管理水平要求高，因此，不适合在小型养殖场使用。

第二节　山羊全混合颗粒饲料配制概述

一、全混合颗粒饲料概念

全混合颗粒饲料是根据山羊不同生长阶段的营养需要（包括蛋白质、能量、碳水化合物、矿物质和维生素等），设计出合理的配方，准确称取各原料，用特制的搅拌机将粉碎的粗饲料、精饲料和各种饲料添加剂进行充分混合后使用颗粒饲料生产线生产出的颗粒型饲料。

二、全混合颗粒饲料的特点

（一）全混合颗粒饲料的优点

1. 混合均匀、营养均衡、避免挑食

全混合颗粒饲料，是根据山羊不同生长阶段的营养需要设计的营养均衡的全价日粮。这种日粮可以将农作物秸秆、农副产品等适口性不好的饲料原料均匀混合在日粮中，具有混合均匀、营养均衡，可避免山羊对适口性不好的饲料原料挑食等优点。

2. 适口性好、消化率高

全混合颗粒饲料经过加工后原料被加热熟化，饲料的适口性和消化率得到大幅度的提高。同时，高温处理后原料中尤其是粗饲料原料中杂菌数量大幅度降低，减少杂菌对山羊瘤胃内微生物的影响，促进胃肠道微生态的平衡，从而提高饲料的消化利用率。

3. 减少疾病的发生

由于颗粒饲料粉尘少以及表面光滑，没有坚硬的秸秆暴露，使用全混合颗粒饲料可以大幅度减少传染性胸膜肺炎等呼吸道疾病及羊口疮等疾病的发病率。同时，全混合颗粒饲料能够促进胃肠道微生态的平衡，从而提高山羊的健康水平，减少消化道疾病的发生概率。

4. 提高生产效率，降低饲养成本

通过饲喂全混合颗粒饲料，养羊场人工效率可以得到大幅度提高，从而降低了人工成本。使用营养均衡的全混合颗粒饲料，山羊的生长速度大幅度提高，大量试验结果表明，使用全混合颗粒饲料山羊平均日增重和传统的精粗分饲相比可以提高50%以上，山羊的存栏期得到缩短，周转加快，从而降低了饲养成本。

5. 提高羊肉产品的产量和风味

对于肉羊来讲，饲喂全混合颗粒饲料和传统的精粗分饲相比屠宰率可以提高3%以上，而且羊肉的嫩度增加，羊肉中鲜味氨基酸的含量增加，羊肉产品的产量和风味均有所提高。

6. 保存期长，不易霉变

全混合颗粒饲料要求成品水分含量冬季14.0%以下，夏季12.5%以下，水分含量较低，夏季保存期可以达到60d以上，冬季保存期可以达到90d以上，不会发生霉变和产生霉菌毒素。使用全混合颗粒饲料是冬季枯草期备料养羊的最佳选择。

（二）全混合颗粒饲料的缺点

1. 对饲料原料要求较高

全混合颗粒饲料所用饲料原料只适用水分含量较低的原料，青饲料、青贮饲料等水分较大的原料的添加量受到一定的限制，需要烘干或晒干后才能大量使用。

2. 专业性较强，加工成本较高

全混合颗粒饲料加工需要成套加工设备，加工效率及耗能也高于畜禽颗粒饲料，加工成本偏高。

虽然，全混合颗粒饲料还存在诸多缺点，但现已有部分规模化山羊养殖场中使用，相信在不远的将来，全混合颗粒饲料会逐渐推广，并成为山羊养殖中的主推技术。

第二章 山羊的生活习性及消化生理特点

第一节 山羊的生活习性

山羊虽然是人类最早驯养的家畜种类之一，但是同其他家畜相比，山羊自驯养以来得到的饲养和管理条件不佳，这使山羊的一些原始特性在一定程度上得以保留和延续，形成独特的行为和习性。

一、行为特性

山羊行动敏捷，喜欢登高，绵羊行动缓慢，反应迟钝，故有"精山羊，疲绵羊"的说法，说明山羊比较机敏，活泼爱角斗，易于体会人的意图，同时山羊生性胆大活泼好动，不畏艰险，喜欢攀登，善于游走，在其他家畜难以到达的悬崖陡坡上，山羊照样可以行动自如，甚至能将前肢腾空后肢直立采食牧草或树叶。

二、采食特点

山羊嘴较窄、嘴唇薄而灵活、牙齿锋利，能啃食接触地面的短草，可以采食各种青草、干草、块根、作物秸秆、灌木嫩叶、树枝树皮及各种无毒的野草，民间所说的羊能吃"百样草"，就是形容羊利用饲料的种类与其他家畜比较更广泛，对充分利用自然资源有着特殊的价值。羊采食时间大部分集中在白天。每天它们只是在一定的时间内集中摄食，而在其他时间进行反刍、休息。

三、合群性

山羊放牧时，只要领头羊前进，其他山羊就跟随头羊走，因而便于放牧管理。对于大群放牧的羊群只要有一头训练有素的头羊带领，就较容易放牧。羊喜欢群居，一旦掉队离群时，则鸣叫不断，寻找同伴，此时只要饲养员适当呼唤，便可立即归队，很快跟群。

四、起卧和睡眠特性

山羊卧地时先把前肢向前弯曲而跪下，接着后肢向内弯曲而卧下，胸部放在两前肢中间。羊吃饱后多为右侧卧（胃在左侧）。起立时两后肢先站起，继而前肢起立。其卧姿，有时右前肢和一左后肢外伸，有时一后肢外伸，也有时左前肢外伸，四肢全压在体下或全外伸的较少见。山羊睡眠时间少，每天2~3h，多站着睡或卧着睡，一般不闭双眼。卧倒靠地紧闭双眼，鼾睡者较少见。

五、嗅觉和听觉灵敏

山羊嗅觉灵敏，母羊主要凭嗅觉鉴别自己的羔羊，视觉和听觉起辅助作用。分娩后，母羊会舔干羔羊体表的羊水，并熟习羔羊的气味。羔羊吮乳时，母羊总要先嗅一嗅羔羊后躯部，以气味识别是不是自己的羔羊。个体羊有其独特的气味，一群羊有群体气味，一旦两群羊混群，羊可由气味辨别出是否是同群的羊。在放牧中一旦离群或与羔羊失散，靠长叫声互相呼应。

六、清洁习性

山羊具有爱清洁的习性。山羊嗅觉灵敏，采食前先用鼻子嗅，对有异物污染的饲料和饮水，沾有粪便或腐烂的饲料，或被踩踏过的饲草都不爱吃，甚至宁可忍饥挨饿，也不愿意采食或饮用。因此，平时要加强饲养管理，注意羊的饲草、饲料清洁卫生，饲槽要勤扫，饮水要保持清洁，经常更换，或使用乳头式自动饮水器。

七、适应能力及抗病性

山羊的抗病力较强。一般来说，粗毛羊的抗病力比细毛羊和肉用品种羊要强，山羊的抗病力比绵羊强。体况良好的羊只对疾病有较强的耐受能力，病情较轻一般不表现症状，有的甚至临死前还能勉强跟群吃草。

八、调情特点及繁殖力

公羊对发情母羊分泌的外激素很敏感。公羊追嗅母羊外阴部的尿水，并发生反唇卷鼻行为，有时用前肢拍击母羊并发出求爱的叫声，同时做出爬跨动作。母羊在发情旺盛时，有的主动接近公羊，或公羊追逐时站立不动，初配母羊胆子小，公羊追逐时惊慌失措，在公羊竭力追逐下才接受交配。羊是多胎动物，大多数品种均可一年两胎或两年三胎，故繁殖周期短，繁殖率高，对于扩繁增群，加快发展十分有利。

第二节　山羊的消化系统及消化生理特点

一、山羊的消化器官

山羊的消化器官包括口腔、咽、食道、胃、小肠（包括十二指肠、空肠、回肠）、大肠（盲肠、结肠、直肠）等。

（一）口腔、咽和食道

山羊口腔为消化道的起始部位，有采食、吸吮、咀嚼、尝味、吞咽等机能。口腔的前壁和侧壁为唇和颊。唇分为上唇和下唇，是采食时的主要器官。口腔内还有舌、齿和唾液腺等重要器官。食管是连接咽和胃之间食物通过的管道，由黏膜、黏膜下层、肌层和外膜构成。黏膜集拢成若干褶皱，几乎使管腔闭塞，只有当食物通过时，管腔扩大、褶皱展平。黏膜下层有发达的食管腺，分泌黏液，有润滑食管的作用。食管分为颈、胸、腹3段。颈段位于喉与气管的背侧，于颈中部偏至气管的左侧，经胸前口进入胸腔。胸段位于纵膈内，转至气管背侧向后伸延，穿过膈的食管裂孔进入腹腔。腹段较短，与胃的贲门连接。口腔、咽、食道通过协调运动将食物送入胃部，完成吞咽过程。吞咽除受口腔、咽、食道运动期的神经调节外，也受到胃泌素等的体液调节。

（二）胃

山羊属于反刍动物，其胃为复胃，由瘤胃、网胃、瓣胃、皱胃组成。成年山羊胃容积可占消化道总容积的66%左右。山羊的4个胃各具特色，又相互联系，共同完成消化功能。

1. 瘤胃

瘤胃容积达整个山羊胃容量的78%左右，几乎占据山羊的整个左侧腹腔。瘤胃内共生着庞大的微生物菌群。主要有厌氧细菌、厌氧真菌、瘤胃原虫，还有噬菌体等，这些微生物在山羊对营养物质的消化和吸收方面具有重要的意义。

2. 网胃

网胃又称"蜂巢胃"，容积占整个胃容量的3.5%左右。网胃和瘤胃紧连接在一起，其消化生理作用基本相似。网胃的另一功能如同"筛子"，对饲料中的重物进行筛除。因此，若山羊采食的饲料中含有铁丝、钉子等异物，常滞留在网胃中。

3. 瓣胃

瓣胃形似"百叶"，又称百叶胃，容积占整个胃容量的1.2%左右，为4个胃中最小的胃。瓣胃主要对食糜进行压榨过滤。

4. 皱胃

皱胃功能类似于单胃动物的胃，因此也叫真胃，占整个胃容量的8.6%左右。皱胃胃壁黏膜有腺体，具有分泌盐酸和胃蛋白酶的作用，可对食物进行化学性消化。羔羊出生后，皱胃是复胃中生长最快的胃。

（三）肠道

1. 小肠

小肠是山羊消化吸收的主要器官，分为十二指肠、空肠、回肠。山羊的小肠细长而曲折，其长度为体长的26倍左右，其容积约为消化道总容积的22%。小肠黏膜形成许多环形皱襞，黏膜上皮表面有密集的微绒毛，这些结构大大的增加了肠壁与食糜的接触面积。胃中的食糜进入小肠后，在多种消化液，如胰液、肠液、胆汁等的作用下进行化学性消化，消化分解的营养物质通过肠壁吸收。消化作用主要在小肠前半部进行，消化后产物吸收主要在小肠后半部进行。未被消化吸收的物质，在小肠的蠕动下被送入大肠。

2. 大肠

大肠包括盲肠、结肠、直肠。大肠直径比小肠大，长度比小肠短。大肠容积约为消化道总容积的12%，其中盲肠占2%左右。盲肠和结肠黏膜表面光滑、无肠绒毛，上皮中有较多数目的杯状细胞，且杯状细胞数量明显多于小肠，固有膜中还有大量的大肠腺。进入大肠的未被消化的物质可在大肠微生物及小肠带入大肠的消化酶的作用下，进一步消化吸收。大肠主要功能是吸收肠道内容物中水分，也可吸收部分盐类及挥发性脂肪酸，并形成粪便。

二、初生羔羊的消化生理特点

羔羊刚出生时，前胃的容积较小，结构和功能都不完善，微生物区系也未健全，没有消化纤维的能力，所以不能采食和利用饲草料，只能依靠母乳来满足其营养需要。此时皱胃起主要作用，母乳可经闭锁的食管沟直接进入皱胃，而不接触其他3个胃的胃壁。食管沟为网胃壁上的两条唇状结构，起始于贲门，沿瘤胃前庭和网胃右侧壁延至网瓣口。哺乳仔畜的吮吸是食管沟闭合反射过程的主要刺激。食管沟的功能有明显的年龄特点，随着羔羊年龄的增长，前胃不断发育，食管沟的功能逐渐退化并闭合不全。

在出生后1周左右，羔羊开始学习母羊采食嫩草和饲料。出生后20～40d开始出现反刍行为，对各种粗饲料的消化能力逐步增强。到45日龄时，瘤胃、网胃占全胃的比重已接近成年羊。因此，出生一周以后的羔羊就该给其补饲易消化的羔羊开食料，以促进瘤胃的发育和瘤胃内微生物区系的建立。

三、山羊的口腔消化

口腔消化是山羊消化过程的第一步，主要包括咀嚼、分泌唾液和吞咽等功能。山羊口腔中有3对唾液腺，包括腮腺、颌下腺和舌下腺。腮腺在山羊休息、采食和反刍时都会分泌唾液，而颌下腺和舌下腺只有在采食时会分泌唾液。山羊的唾液分泌量较大，一昼夜的唾液分泌量可达10L左右。唾液中含有大量的碳酸氢盐和磷酸盐，呈碱性，pH值可达8.1。唾液随食物吞咽进入瘤胃，可中和瘤胃微生物发酵产生的酸，对维持瘤胃pH值稳定和机体酸碱平衡具有重要的意义，但山羊唾液中缺少消化酶。

四、反刍与嗳气

山羊在采食时，为了短时间内采食到大量的饲草，一般不会充分咀嚼就吞进瘤胃，在瘤胃内经瘤胃液浸泡和软化一段时间后，将食物重新逆呕到口腔中，再次混入唾液咀嚼后吞咽的过程，叫做反刍。

反刍可以分为逆呕、再咀嚼、再混唾液、再吞咽四个步骤。山羊在采食0.5～1h后开始反刍，每个反刍周期40～60min，每天有8次左右的反刍周期，每次反刍间隔时间不等。反刍的次数、时间长短与采食饲料质量、种类等密切相关。一般情况下，饲料中粗纤维含量越高，采食饲草长度越长，反刍的时间越长。反刍不仅可以将饲料进一步的磨碎，还可促进食糜的选择性排空。

正常情况下，山羊的反刍比较有规律，当山羊患病或处于应激状态时，会造成反刍混乱或停止。长时间的反刍迟缓或反刍停止会引起瘤胃胀气，瘤胃内食糜的滞留还会导致局部炎症。因此反刍是观察山羊健康的一个重要指标。

嗳气指瘤胃微生物发酵产生二氧化碳、甲烷等气体经食道、口腔排出的过程。嗳气是反刍动物稳定瘤胃内环境，保障其正常机能的生理现象。瘤胃微生物在发酵饲料营养成分的过程中会产生大量的气体，这些气体只有通过嗳气不断的排出，才能维持瘤胃机能的稳定。一般情况下，瘤胃中气体组成中二氧化碳约占70%，甲烷约占30%，除此之外还包括微量的氮气、氧气和硫化氢等。这些气体约75%通过嗳气反射经口排出，其余气体进入呼吸系统，并由肺部毛细血管吸收进入血液。嗳气的抑制可导致气体在瘤胃大量蓄积，引起瘤胃臌气。初春季节山羊采食过多易于发酵嫩草等易导致瘤胃臌气。

五、瘤胃的消化生理特点

（一）瘤胃的内环境稳定

1.瘤胃内具有较稳定的缓冲系统

瘤胃内pH值受日粮性质、唾液分泌、瘤胃内挥发性脂肪酸及其他有机酸的生成、吸收和排出的影响，在正常情况下变动的范围为6~7。

2.瘤胃内具有稳定的温度

瘤胃内的温度受日粮种类、饮水温度、发酵产热等影响，一般稳定在38.5~40℃，较体温高1~2℃。

3.瘤胃内的渗透压相对稳定

山羊瘤胃内二氧化碳含量较高，是一个高度厌氧的环境。由于采食、饮水和反刍，瘤胃液具有相对稳定的含水量，为瘤胃微生物的生存和繁殖提供了良好的环境。由于瘤胃有节律的运动，将发酵产物吸收，未发酵的饲料不断的流出，调节了瘤胃内离子的浓度。同时，瘤胃液与血液进行着高强度的双向扩散。这些条件均维持了瘤胃内渗透压的相对稳定。

（二）瘤胃内的微生物

山羊是反刍动物，瘤胃是其所特有的消化器官，容积大，占整个胃容积的78%~85%，瘤胃不但是羊采食大量饲料的临时"贮藏库"，而且瘤胃中寄生着60多种微生物，这些微生物对饲料的消化和营养的供应具有十分重要的作用，它能促进饲料中粗纤维消化利用，将质量低的植物蛋白质转化为质量高的微生物蛋白质，并能合成B族维生素和维生素K等营养物质。

1.瘤胃微生物种类

瘤胃内共生着庞大的微生物菌群。主要有厌氧细菌、厌氧真菌、瘤胃原虫和古菌等。在瘤胃这个复杂的生态系统内，这些微生物与微生物之间相互依存又相互作用，并与山羊形成一种共生关系。一般情况下，每毫升瘤胃液中含细菌10^{10}~10^{11}个，原虫10^5~10^6个。

（1）细菌。细菌是瘤胃中最为重要的部分，数量最大、种类最多。根据其对营养物质的利用和发酵产物，可分为纤维分解菌、蛋白质分解菌、淀粉分解菌、脂肪分解菌、维生素合成菌、甲烷产气菌、产氨菌。大多数细菌能发酵饲料中的一种或几种糖类，作为生长的能源。细菌还能利用瘤胃内的有机物作为碳源和氮源，转化为自身成分，然后在皱胃和小肠内被消化，供宿主利用。有些细菌还能利用非蛋白含氮物（如酰胺和尿素等）转化成菌体蛋白。

（2）厌氧真菌。厌氧真菌约占瘤胃微生物总量的8%，真菌内含有纤维素酶、木聚糖酶、糖苷酶、半乳糖醛酸酶和蛋白酶等，尤其对纤维素有强大的分解力。厌氧真菌在代谢过程中可以产生甲酸、乙酸、乳酸、琥珀酸以及氢气和二氧化碳。

（3）原虫。瘤胃原虫种类很多，主要是纤毛虫和鞭毛虫，其中纤毛虫在数量上占有优势。瘤胃中的纤毛虫能够分泌多种酶，现已确定其分泌的酶有分解糖类的酶系统、蛋白质分解酶类及纤维素分解酶类。纤毛虫能将饲料中蛋白质贮存于体内，避免了细菌的分解，直到纤毛虫离开瘤胃进入小肠并解体后，才能被消化吸收，从而提高了饲料的消化和利用率。纤毛虫体蛋白的生物效价比细菌高，且含有丰富的赖氨酸等必需氨基酸。纤毛虫约提供动物体蛋白需要量的20%。

（4）古菌。古菌是单细胞微生物，属于原核生物，它们既与细菌有许多相似之处，又与真核生物有许多相似特征。瘤胃中产甲烷菌即属于古菌，隶属于广古菌门。产甲烷菌可以在厌氧环境中通过代谢，利用氢气、甲醇、甲胺等物质作为底物产生甲烷。

2. 瘤胃微生物的作用

（1）分解、消化粗纤维。山羊本身并不能产生水解粗纤维的酶，对粗纤维的消化分解必须借助微生物的活动，利用微生物产生的纤维水解酶把粗饲料中的粗纤维分解成容易消化吸收的碳水化合物，通过瘤胃壁吸收进入体内被利用。通过瘤胃微生物对日粮营养物质的发酵、分解所得到的能量，占山羊能量需要量的40%～60%。

（2）合成菌体蛋白，改善日粮中粗蛋白的品质。日粮中的含氮物质（包括蛋白质和非蛋白质含氮化合物）进入瘤胃后，大部分经过瘤胃微生物的分解，产生氨和其他低分子含氮化合物，瘤胃微生物再利用这些含氮化合物来合成自身的蛋白质，以满足生长和繁殖的需要。

（3）合成维生素。B族维生素和维生素K是瘤胃微生物的代谢产物，能被小肠等部位吸收利用，因而，成年山羊一般不会缺乏这些维生素。在放牧条件下，山羊也很少发生维生素A、维生素D、维生素E的缺乏症。

（4）对脂类有氢化作用。瘤胃微生物可以将牧草中不饱和脂肪酸转变为山羊体内的饱和脂肪酸，同时，瘤胃微生物也能合成脂肪酸。

（三）瘤胃内的消化吸收过程

1.碳水化合物的消化吸收

瘤胃内碳水化合物的消化代谢主要是指反刍动物日粮中纤维素、半纤维素、果胶、淀粉、可溶性糖等的消化代谢。反刍动物因瘤胃中微生物的作用，对日粮中碳水化合物的消化能力很强，一般情况下，羊采食日粮中55%～95%的碳水化合物可在瘤胃微生物的发酵作用下被消化。

反刍动物与单胃动物在碳水化合物消化代谢的主要区别是能够利用粗纤维含量较高的饲草维持生命并进行生产。山羊本身不能产生分解粗纤维的酶，而瘤胃微生物在粗纤维消化代谢过程中起决定性作用。瘤胃内主要的纤维分解菌有：产琥珀酸拟杆菌（*Bacteroides succinogenes*）、白色瘤胃球菌（*Rumirococcus albous*）、黄化瘤胃球菌（*R.flavefaciens*）、溶纤维丁酸弧菌（*Butyrivibrio fibrisolviens*）、湖头梭菌（*Clostidiumloch headii*）等。瘤胃内淀粉分解菌主要有嗜淀粉拟杆菌（*Bacteriedes amylophilus*）、溶淀粉琥珀酸单胞菌（*Succinimonas amylolytica*）、反刍兽新月单胞菌（*Selenomonous vumination*）、乳酸分解新月形单胞菌（*S.lactilytia*）等。粗纤维是山羊日粮不可缺少的部分，不仅可以被瘤胃微生物消化利用，还起到促进山羊反刍、胃肠蠕动和填充作用。若日粮中粗纤维含量不足，瘤胃会出现乳酸发酵并抑制纤维、淀粉分解菌，临床上主要表现为食欲降低、前胃迟缓、拉稀、生产性能下降等。因此，山羊日粮中必须要有一定比例的粗饲料。适宜的精粗比对维持羊群机体健康，提高生产性能具有重要意义。

尽管不同种类的碳水化合物在瘤胃内的代谢途径不同，但大量降解后的代谢终产物均主要为挥发性脂肪酸（乙酸、丙酸、丁酸、戊酸）、二氧化碳、甲烷等。瘤胃挥发性脂肪酸是反刍动物主要的能量来源，可占机体能量需要的60%～70%。但是，不同种类的挥发性脂肪酸在体内的代谢途径和生理功能不同。乙酸是瘤胃内微生物发酵产生的主要的挥发性脂肪酸；乙酸在体内可转变成乙酰辅酶A后直接进入三羧酸循环，也可合成脂肪；丙酸是反刍动物葡萄糖异生的主要前体。丁酸在体内主要代谢产物为酮体，且丁酸可与乙酸相互转化。在一定日粮条件下，各挥发性脂肪酸与总酸成一定的比例。这一比例的变化不仅影响葡萄糖代谢，而且与反刍动物生产性能密切相关。日粮组成是影响这一比例的主要因素。

瘤胃中产生的挥发性脂肪酸大部分在瘤胃中吸收。当瘤胃液pH值为5.5～6.5时，挥发性脂肪酸主要以分子状态吸收；当pH值为7.0～7.5时，主要以离子状态吸收。因分子状态的挥发性脂肪酸以自由扩散的方式直接通过瘤胃壁，而离子状态的挥发性脂肪酸需在瘤胃上皮细胞转化为分子状态后再通过瘤胃壁，因此分子状态的挥发性脂肪酸吸收速度快于离子状态。吸收进入瘤胃壁后，约85%丁酸、65%丙酸、45%乙酸在瘤胃壁发生代谢。经瘤胃壁吸收进入血液后，血液中挥发性脂肪酸浓度：乙酸>丙酸>丁酸。

2. 含氮物质的消化代谢

反刍动物含氮物质的消化代谢与单胃动物存在很大的差异，且比较复杂，主要可分为含氮物的降解和氨的形成、微生物蛋白合成以及尿素再循环。

进入瘤胃的含氮物质种类较多，除主要的日粮中所含的氮（蛋白质、尿素、铵盐、酰胺等）以外，还有通过唾液分泌和血液在瘤胃壁的渗透作用进入瘤胃的一些含氮物质，如尿素、黏蛋白、氨基酸、小肽等。总体上可以将这些含氮物质分为蛋白氮和非蛋白氮。瘤胃微生物分泌的酶可将进入瘤胃的蛋白质分解为肽、氨基酸和氨，也可将进入瘤胃的非蛋白氮最终分解为氨。氨是瘤胃氮代谢重要的中间产物，除一部分被机体吸收外，大部分用于微生物蛋白质的合成。

在瘤胃内，瘤胃微生物可利用肽、氨基酸、氨等这些分解产物合成微生物蛋白质（主要为细菌蛋白质）。在微生物合成过程中，除充足的氮外，还需要糖、挥发性脂肪酸和二氧化碳等为其提供碳链以及有机酸发酵为其提供能量。影响瘤胃微生物蛋白合成的主要因素有总氮含量、可发酵能的浓度等，另外一些支链脂肪酸如异丁酸、异戊酸等在微生物蛋白合成过程中也具有一定作用。除此之外，一些微量元素如锌、铜等也对微生物蛋白合成有一定影响。瘤胃内微生物随食糜进入皱胃和小肠后，作为蛋白质饲料被消化吸收。这些微生物蛋白质是反刍动物主要的蛋白质来源。瘤胃内微生物合成蛋白数量大，营养价值高。以主要的细菌蛋白质为例，其真消化率为55%左右。微生物蛋白质含有各种必需氨基酸，且比例适宜，生物学价值高。也正因为如此，成年山羊日粮中一般不考虑添加必需氨基酸。而羔羊由于瘤胃发育不全及微生物功能尚未完善，早期断奶羔羊日粮配制时需考虑必需氨基酸的需要量。羔羊营养中的必需氨基酸包括：组氨酸、异亮氨酸、亮氨酸、赖氨酸、蛋氨酸、苯丙氨酸、苏氨酸、酪氨酸、缬氨酸。

除被用于合成微生物蛋白的氮以外，还有很大一部分的氮经瘤胃壁和后端胃肠道吸收后，经门静脉进入肝脏，并在肝脏内形成尿素；一部分合成的尿素又可经唾液分泌进入瘤胃被瘤胃微生物降解成氨后利用，这一过程称为尿素再循环。一般情况下，羊经唾液进入瘤胃的尿素可达6～20g/d。尿素再循环可保证反刍动物在低蛋白日粮条件下瘤胃微生物有充足的氮源。

在生产中，利用瘤胃含氮物消化代谢的特点，可以在日粮中添加非蛋白氮，如尿素、铵盐等代替部分饲料蛋白质。一般情况下，非蛋白氮用量不宜超过蛋白质需要量的30%。瘤胃微生物有优先利用蛋白氮的特点，日粮中优质蛋白在瘤胃被分解产生氨再合成微生物蛋白，本身是一种浪费。因此生产中可采取一定措施降低粗蛋白瘤胃降解率。首先，可采用热处理、颗粒化处理等蛋白质保护技术避免优质蛋白质在瘤胃的过量降解；其次，可通过改变日粮组成，减少日粮中可溶性蛋白的比例来降低粗蛋白降解率；最后，可通过改变饲喂方式，提高采食量，增加瘤胃液的稀释率以减少蛋白质在瘤胃的停留时间等。

3. 脂类的消化代谢

长期以来，由于反刍动物日粮中脂类含量较低，脂类代谢相关研究并未引起足够的重视。随着人们生活水平的提高和畜牧业的发展，消费者对反刍动物肉、奶等产品脂肪酸组成的重视越来越高，瘤胃脂类的消化代谢也日益被重视。

脂类的能值是碳水化合物和蛋白质的两倍多，反刍动物日粮中添加脂类可提高日粮的能量浓度，且反刍动物对脂类的吸收率高，可达80%以上。因此，反刍动物日粮中脂类的添加可以节省部分能量饲料，也可以改变畜产品脂肪酸组成。

反刍动物日粮中的脂类主要包括三酰甘油，以及饲草中的复合脂等。脂类在瘤胃代谢的第一步是在瘤胃微生物脂肪酶，包括脂酶、半乳糖酶和磷酸酯酶，水解为游离脂肪酸和甘油，甘油进一步水解生成丙酸。由于脂肪酸的分解代谢需要有氧环境，脂肪酸在瘤胃厌氧环境下，分解为挥发性脂肪酸和二氧化碳的比例很小。

由于微生物的作用，反刍动物瘤胃脂类代谢的主要特征是可以将日粮中的不饱和脂肪酸氢化形成饱和脂肪酸。例如，日粮中亚麻酸进入瘤胃后10~15h即可全部转化为硬脂酸，这也是反刍动物体内脂肪饱和度较高，硬脂酸含量显著高于单胃动物的主要原因。因此生产中想通过增加日粮中不饱和脂肪酸含量改善反刍动物产品中脂肪酸组成时，必须对日粮中不饱和脂肪酸进行一定的保护，减少瘤胃微生物对不饱和脂肪酸的氢化作用。日粮中添加完整的油料籽实在提高反刍动物肉奶产品不饱和脂肪酸含量方面的效果优于同类植物油，其主要原因即是油料籽实的种皮对不饱和脂肪酸的保护作用。其次，瘤胃内微生物可将一些顺式结构的脂肪酸转化为反式结构的脂肪酸，如共轭亚油酸。除此之外，瘤胃微生物可以利用瘤胃内的挥发性脂肪酸合成脂肪酸，其中包括利用丙酸、戊酸等合成奇数碳长链脂肪酸，利用异丁酸、异戊酸等合成支链脂肪酸。因此，常出现过瘤胃脂类的量高于日粮中脂类含量的情况。

值得注意的是，日粮中脂类的添加会影响瘤胃发酵，降低纤维素的消化率，也可对瘤胃蛋白代谢产生影响。造成这一影响的原因可能是：脂肪酸覆盖在食糜颗粒表面，限制了纤维素的消化；脂肪酸具有抗微生物作用等。这一影响受脂肪酸结构、数量、日粮组成等多种因素影响。一般情况下，不饱和脂肪酸对发酵的抑制作用大于饱和脂肪酸；单一脂类来源影响大于混合脂类。生产中可通过改变脂类在瘤胃中的理化性质（钙皂、蛋白包被等），减少对瘤胃发酵的影响。

4.维生素合成

反刍动物瘤胃维生物可以合成B族维生素和维生素K。瘤胃微生物合成的B族维生素主要包括硫胺素、核黄素、尼克酸、泛酸、吡哆酸、生物素等。因此，反刍动物与单胃动物对维生素的需要不同，一般不会因日粮缺乏这些维生素而影响机体健康。但是，由于羔羊瘤胃发育不全、瘤胃微生物区系尚未建立，日粮中同样需要考虑这些维生素的添加。增加饲料中氮含量和淀粉比例可提高B族维生素合成量。不同氮来源可影响瘤胃微生物对B族维生素的合成，例如以尿素为氮源主要增加B族维生素中核黄素的合成量。瘤胃微生物不能合成维生素A、维生素D和维生素E，山羊日粮中需添加一定量的维生素A和维生素E。

六、山羊肠道的消化生理特点

（一）小肠的消化与吸收

反刍动物小肠消化与吸收与单胃动物相似。小肠消化是胃消化的延续，进入小肠的食糜在胰液、胆汁、小肠液的化学消化作用下，基本完成消化过程。

胰液是由胰腺分泌的，pH值为7.8～8.4的碱性消化液。胰液主要包含约90%的水分、电解质（Na^+、K^+、Ca^{2+}、Mg^{2+}、HCO_3^-、Cl^-等）、消化酶（胰蛋白分解酶、胰淀粉酶、胰脂肪酶）等。反刍动物胰液呈连续分泌，分泌量大，山羊一昼夜可分泌胰液0.5～1L。

胆汁是由肝细胞分泌的重要消化液，胆汁贮藏于胆囊内。山羊胆汁呈暗绿色、味苦。山羊总胆管进入十二指肠的位置与胰导管相连，因此进入十二指肠的为胰液和胆汁的混合液。胆汁主要包括水、电解质（主要为Na^+、HCO_3^-、Cl^-，还包括一定量的K^+、Ca^{2+}、Mg^{2+}等）、胆酸、胆固醇、色素、盐类等。胆汁的主要生理功能包括促进脂类物质的消化吸收，促进脂溶性维生素的吸收，调节机体胆固醇代谢等。

小肠除是消化吸收主要的场所外，本身也具有分泌功能。位于十二指肠黏膜内的十二指肠腺以分泌黏液和HCO_3^-为主。位于十二指肠后的小肠黏膜中小肠腺分泌的小肠液主要包括消化酶（蔗糖酶、乳糖酶、肠淀粉酶、肠脂肪酶等）、激素、生物活性物质等。小肠液组成在不同小肠段间存在一定差别。

进入肠道食糜中的水通过自由扩散方式吸收；大部分Na^+在小肠以主动转运方式吸收；Cl^-在小肠前段以扩散方式吸收；HCO_3^-与H^+结合后形成CO_2吸收进入血液；Ca^{2+}和Mg^{2+}主要在十二指肠和空肠前段以主动吸收和被动扩散两种方式吸收，两者的吸收存在竞争性；磷在小肠各段均有吸收；铁主要在十二指肠和空肠中吸收；葡萄糖、半乳糖通过与微绒毛膜上的特异性载体蛋白结合后吸收；蛋白质主要以二肽、三肽的形式吸收，吸收机制与葡萄糖类似，也有少量以游离氨基酸形式吸收；脂肪酸和甘油单酯通过与胆盐微胶粒形成混合微胶粒后经微绒毛扩散进入细胞内，在细胞内质网内合成新的甘油三酯后吸收；脂溶性维生素主要在小肠前段吸收，其吸收与脂类的吸收密切相关，维生素A为主动吸收，维生素D、维生素E、维生素K则通过被动扩散吸收；不同种类水溶性维生素之间的吸收机制存在差异，维生素C、硫胺素、核黄素、尼克酸、生物素等吸收主要为依赖各自特异性载体的耗能主动转运，吡哆素（维生素B_6）为单纯扩散过程。

（二）大肠的消化与吸收

大肠黏膜也有许多腺窝，但无绒毛，上皮主要由黏液细胞组成，只分泌黏液，不分泌酶。黏液主要起保护肠壁的作用，且参与粪便的形成。山羊小肠中食糜先进入结肠，然后其中一部分食糜后退进入盲肠。在经过大肠消化吸收后，剩余的残渣形成粪便，排出体外。

反刍动物虽然有瘤胃的存在，但是大肠仍然是重要的微生物消化部位。食糜进入大肠后在大肠的停留时间与采食量紧密相关，一般为10~29h。大肠内为厌氧环境，微生物数量多，其中盲肠具有大量的与瘤胃相似的细菌，但缺少原虫。大肠内微生物组成受日粮组成的影响。

大肠对碳水化合物的消化吸收主要表现为对瘤胃和小肠消化的"补偿作用"，提高反刍动物对碳水化合物的消化率。食糜中5%~30%的纤维素和30%~40%的半纤维素可在大肠消化；除此之外，当日粮中淀粉含量较高时，部分在瘤胃和小肠未消化的淀粉可以在大肠被消化利用。与在瘤胃中的消化代谢相似，碳水化合物在大肠的代谢终产物主要为挥发性脂肪酸。挥发性脂肪酸是大肠黏膜代谢重要的能量来源，除此之外，丁酸在促进大肠上皮细胞生长方面具有重要的作用。

反刍动物大肠是NH_3再循环的重要来源。进入大肠的含氮物可在食糜中酶的作用下产生NH_3，NH_3可经被动扩散进入血液中。吸收的氮可用于合成非必需氨基酸，也可再次进入瘤胃合成菌体蛋白，提高机体对日粮氮的利用率。大肠中的微生物也可以利用NH_3合成菌体蛋白，增加粪氮排出量，造成氮的损失。

第三章 山羊的营养需要与饲养标准

第一节 山羊的营养需要

山羊的营养需要包括水、蛋白质、氨基酸、能量、维生素和矿物质等养分。山羊因其生产用途、年龄、生长发育阶段的不同，所需营养物质的数量和质量也是不同的。山羊对营养成分的需要可以分为维持需要和生产需要。维持需要是指山羊为维持正常生理活动，体重不发生变化，也不进行生产时所需的营养物质量。生产需要指山羊在进行生长、繁殖、泌乳和产毛时对营养物质的需要量。

由于山羊的营养需要量多在实验室条件下通过试验和计算的方法得到，一定程度上受到试验条件和手段的影响，在生产实践中应根据实际情况进行调整。

一、水的需要

水是动物细胞、体液和体组织的主要组成成分，对正常的物质代谢有特殊的作用。各种营养物质在体内消化、吸收、运输、代谢等生理活动都需要水。另外，水可以调节体温，保持体温恒定。水还参与体内的各种生化反应，调节体内的渗透压，保持细胞的正常形态。

长时间饮水不足，会造成组织和器官缺水，消化机能减弱，食欲下降，影响体内代谢，严重时可造成死亡。水的需要量因年龄、外界环境条件等的不同而异，一般按采食饲料中的干物质含量来计算需水量，一般每采食1kg干物质需水3～4L。羊如失去体内水分的20%就会危及生命。

在生产中，由于水的来源广泛、成本低廉，水的营养往往不能引起足够的重视，常常因饮水不足或者饮水不清洁等造成生产水平下降。水的质量是影响动物饮水量和健康的重要因素之一，清洁卫生的饮水可以提高动物的饮水量，促进采食，改善生产性能。对人体安全的饮水对动物也是安全的。水中盐或固体可溶物总量是判定水可用性的重要指标，其中有毒物质包括硝酸盐、亚硝酸盐、重金属盐以及氟化物等。其他影响水的品质的物质有病原菌、油脂以及化学工业废弃物。低品质的水通常导致饮水

量的减少，甚至引起山羊腹泻，从而降低饲料消耗和生产性能。动物可溶盐的耐受在
1 000～3 000mg/L，动物对饮用水中硝酸盐和亚硝酸盐及其他无机成分的安全含量要
求见表3-1。

表3-1　家畜饮用水中硝酸盐、亚硝酸盐、硫酸盐、总可溶性固形物和最大有毒无机成分安全含量

指标	推荐的最大值（mg/L）	指标	推荐的最大值（mg/L）
硝酸盐	<440	钴	1.0
硝酸盐-N	<100	铜	0.5
亚硝酸盐	<33	氯化物	2.0～3.0
亚硝酸盐-N	<10	铅	0.1
硫酸盐	<300	汞	0.01
总可溶性固形物	<3 000	镍	1.0
砷	0.2～0.5	硒	0.1
硼	10.0	钒	0.1～1.0
镉	0.05～0.5	锌	25.0
铬	1.0～1.5		

注：引自计成主编，《动物营养学》，2008年

二、蛋白质的需要

（一）蛋白质的营养作用

蛋白质是构成机体组织器官的基本成分，广泛存在于动物的皮肤、肌肉、神经、骨骼、软骨、牙齿、毛发、角、喙、肌腱、韧带和血管中，参与构成各种细胞组织，维持皮肤和组织器官的形态和结构。蛋白质也参与体内多种重要的生理活动，体内具有多种特殊功能的蛋白质，如酶、多肽激素、抗体和某些调节蛋白等。肌肉收缩、物质运输、血液凝固等也由蛋白质来实现。羊机体组织的结构物质，肌肉、皮肤、内脏、血液、神经、骨骼、毛、角等的基本成分都有蛋白质，其产品肉、奶、毛绒等的主要成分也是蛋白质。另外，蛋白质可以形成羊体内活性物质如酶、激素、抗体等，也是修补和更新机体组织的原料，蛋白质还可以分解产生能量，作为机体的能源被利用。日粮中必须提供足够的蛋白质才能维持细胞的生长、更新和修补。

饲料中蛋白质的化学组成是决定蛋白质饲料营养价值和利用效率的主要因素之一。蛋白质的种类繁多，结构复杂，迄今为止没有一个理想的分类办法。根据蛋白质的来源和营养价值可分为：动物来源的简单蛋白和植物来源的简单蛋白以及结合蛋白。植物源的简单蛋白主要有谷蛋白、醇溶蛋白、球蛋白，动物源的简单蛋白主要有清蛋白、球蛋白、胶原蛋白、弹性蛋白、角蛋白；结合蛋白主要有核蛋白、糖蛋白、

脂蛋白、色蛋白、磷蛋白、金属蛋白、类金属蛋白。

反刍动物对饲料蛋白质的消化主要以瘤胃微生物为主，真胃和小肠中的化学性消化为辅。反刍动物对饲料蛋白质的消化约有70%被瘤胃微生物作用降解，30%在肠道水解。反刍动物可以利用非蛋白氮合成微生物菌体蛋白和必需氨基酸，满足反刍动物的维持需要，并保证一定的生产水平。在适宜条件下，反刍动物可以利用劣质蛋白质合成微生物菌体蛋白，利用非必需氨基酸合成必需氨基酸，提高饲料蛋白质营养价值，有研究指出每千克可发酵有机物质可以合成微生物菌体蛋白168g左右。微生物蛋白质生物学价值为70%~80%，品质与豆粕、苜蓿蛋白基本相当，低于鱼粉等优质动物蛋白质，但是优于大多数谷物饲料的蛋白质。同时，瘤胃蛋白质消化的缺点在于大量饲料蛋白质在瘤胃中被微生物降解，存在能量和蛋白质的双重损失。日粮蛋白质平均降解率为70%，降解蛋白合成菌体蛋白效率平均为80%左右，还有20%的氮合成了核酸等非蛋白氮，对宿主动物没有明显的营养价值。瘤胃蛋白质降解率不仅决定了瘤胃蛋白的数量，也影响着微生物蛋白的合成量。适宜的瘤胃蛋白质降解率有利于充分发挥瘤胃的消化吸收优势，避免日粮蛋白质的浪费。与不可溶性蛋白质相比，可溶性蛋白质更易于在瘤胃降解，如酪蛋白约95%被瘤胃微生物降解，而玉米蛋白降解率仅为50%。另外，日粮中的精粗比例也会影响瘤胃微生物蛋白的产生，当日粮中结构性碳水化合物与非结构性碳水化合物比例为2.4~2.64（NRC，2001），瘤胃微生物蛋白产量达到最高。

在瘤胃发酵中，保持瘤胃中能量与氮源的释放在速度和数量上匹配，是提高微生物蛋白合成量的关键。合理的喂料顺序和饲料搭配，可以促进能氮同步释放，提高微生物蛋白合成量。脲酶抑制剂和包被处理对氨态氮也具有一定的缓释效果。尿素等非蛋白氮降解速度快，产氨高峰时间集中，应用时应注意补充快速降解型碳水化合物（淀粉）。

随着采食量的提高，日粮蛋白质在瘤胃的降解率显著降低。在低进食水平情况下，增加饲喂频率可降低瘤胃蛋白质降解率，提高瘤胃排出降解蛋白质的比例；在采食量较高时，饲喂频率可对瘤胃蛋白质降解率影响不大。饲料的各种物理和化学处理可改变蛋白质在瘤胃的降解率，如加热、甲醛处理、包被等。

（二）非蛋白氮和肽的营养

粗蛋白中除了真蛋白质外，还包括游离氨基酸、肽、酰胺、生物碱、有机碱、氨、尿素、尿酸和硝酸盐等含氮化合物，统称非蛋白氮（NPN）。生长旺盛期植物的非蛋白氮含量较高，例如，青饲料中非蛋白氮（游离氨基酸、硝酸盐等）占总氮的30%~60%，其中游离氨基酸占60%~70%。青贮饲料中一般非蛋白氮占总氮比例范围为30%~65%。马铃薯、甘薯、木薯、饲用甜菜、芜菁、甘蓝等块根块茎类饲料中

50%左右的氮为非蛋白氮，青干草只有15%～25%，谷物和豆科籽实一般低于总氮的15%。NPN中氨基酸、肽、谷氨酰胺和天冬酰胺对动物的营养价值与真蛋白质相同，进入瘤胃后可以直接用于菌体蛋白的合成；尿素等其他非蛋白氮对反刍动物营养价值较高，对单胃动物营养价值很低，进入瘤胃后一部分用于合成菌体蛋白质，另一部分用于尿素循环。

三、能量的需要

山羊在生长、繁殖、生产等生理过程中均需要消耗能量，其所需能量的来源主要为所采食的饲料中碳水化合物、脂肪和蛋白质三大有机物在体内代谢过程中的一种表现形式。合理的能量水平，对保证山羊健康、提高生产力、降低饲料消耗具有重要作用。目前山羊常用的能量需要的指标有消化能、代谢能和净能3种。由于不同饲料在不同生产目的的情况下代谢能转化为净能的效率差异较大，因此采用净能指标较为准确。山羊的能量需要量为自身维持能量需要和生长、繁殖、产奶、产毛等生产所需能量需要的总和。一般认为，在一定活体重范围内山羊的维持能量需要与代谢体重呈线性相关关系，生长能量需要与活体增重的多少有关；羊妊娠前15周由于胎儿的绝对生长很小，所以能量需要较少，给予维持能量加少量的母体增重需要，即可满足妊娠前期的能量需要，妊娠后期由于胎儿的生长较快，因此需额外补充能量，以满足胎儿生长的需要；产毛能量需要很少，占总需要能量的比例较低。

四、矿物质的需要

山羊体内各部位都含有矿物质，占体重的3%～5%，矿物质是体组织和细胞，特别是形成骨骼的重要成分，是保障健康、维持生长和繁殖、进行生产必不可少的营养物质。

根据矿物质占畜禽体重的百分比，分为常量元素（0.01%以上）和微量元素（0.01%以下）。常量元素包括钙、磷、钠、钾、氯、镁、硫；微量元素包括铁、铜、钴、碘、锰、锌、硒等12种。

（一）常量元素的需要

1. 钙

钙是动物体内含量最丰富的矿物质元素。动物体内总钙量中大约有98%是骨骼和牙齿的构成成分。另外2%的钙分布在细胞外液和软组织中，与血液凝集、膜通透性、肌肉收缩、神经冲动的传导、心脏控制、某些激素的分泌以及某些酶的活性与稳定性等重要功能有关。

钙需要量的计算方式如下：将维持、生长、妊娠和泌乳所需的可利用钙量相加，再用日粮钙的吸收百分比加以校正。

粗饲料通常钙含量丰富，谷类籽实的含量较低，因此山羊日粮以精饲料为主则需要补钙。钙的补充料包括碳酸钙、石灰石粉、磷酸氢钙、磷酸二氢钙和硫酸钙。

2. 磷

动物体中大约有80％的磷存在于骨骼和牙齿中。磷作为DNA和RNA的成分在细胞的生长和分化中，作为ATP、ADP和AMP的成分在能量的利用和转化过程中发挥着重要作用。

钙和磷的消化与吸收关系密切，高钙影响磷的吸收，山羊日粮中钙、磷最佳比例为2：1，钙、磷比例不当，幼龄山羊易出现佝偻病，成年羊易出现软骨症。在放牧条件下，羊很少发生钙、磷缺乏，但是在舍饲条件下，如以粗饲料为主，应注意补充磷；如以精饲料为主，则应补充钙；如使用全混合颗粒饲料，应注意钙、磷的比例，否则公羊易发尿结石。

3. 钠、钾、氯

钠离子和氯离子分别是细胞外液中主要的阳离子和阴离子，而钾离子是细胞内液中主要的阳离子。钠、钾和氯都参与维持渗透压，调节酸碱和水平衡的生理活动。钠和钾在肌肉收缩，神经冲动的传导和氨基酸的转运中发挥作用。氯是胃液中盐酸形成和胃蛋白酶激活的必需矿物质元素。缺乏钠和氯易导致消化不良，食欲减退，饲料消化利用率降低，发育受阻，身体消瘦等症状。植物性饲料中钠和氯的含量较低，而山羊以植物性饲料为主，故常有钠、氯不足的情况。补饲食盐是对山羊补充钠、氯最普遍和有效的方法。羊对钠有嗜好，自由采食食盐会超过其需要量。一般认为，在日粮干物质中添加0.5％的食盐即可满足羊对钠和氯的需要。

（二）微量元素的需要

1. 铜

铜是许多酶的重要组分，并有催化红细胞和血红素形成的作用。铜缺乏可以引起山羊贫血、生长速度慢、被毛褪色、毛色异常、心脏病变、骨骼易碎、易折、腹泻、繁殖机能障碍、发情期延迟或不发情。其中被毛褪色或色素沉着减少是缺铜的最早期临床症状。铜通常以硫酸铜、碳酸铜或氧化铜的形式在日粮中补充。

2. 铁

铁参与形成血红蛋白和肌红蛋白，保证机体组织氧的运输。山羊缺铁会造成生长缓慢、贫血、易疲劳等症状，羔羊易发生缺铁的症状，有资料表明，羔羊日粮中铁含量低于19mg/kg（干物质计），就可出现贫血。铁通常以硫酸亚铁、碳酸亚铁或氧化亚铁的形式添加到日粮中。其中，硫酸亚铁的利用率最高，碳酸亚铁次之，氧化亚铁基本上难以利用。

3. 锌

锌是许多重要酶的必需组分，目前已知六大类酶（氧化还原酶、转移酶、水解酶、裂合酶、异构酶及连接酶）中有80种以上的酶中都含有锌，如红细胞中的碳酸酐酶、胰液中的羧肽酶和胰岛素等。此外，锌还是体内100多种酶的激活剂，许多细胞膜（如精子细胞、白细胞、脑细胞等）都有较高浓度的锌。膜上的锌主要与其他膜成分结合，形成稳定结构，防止脂质过氧化。山羊缺锌会造成生长缓慢，采食量下降，繁殖机能受损（胚胎畸形、死胎、公畜睾丸发育不良），鼻黏膜和口腔黏膜发炎，皮肤变厚，被毛粗糙，肢端肿大等症状。锌的补充通常使用氧化锌、硫酸锌和蛋氨酸锌等。

4. 锰

锰在体内参与许多代谢活动。首先锰是精氨酸、丙酮酸羧化酶、超氧化物歧化酶等许多酶的组成成分，也是丙酮酸激酶、肌酸激酶等多种酶的激活剂，参与能量物质代谢，具有抗氧化作用。缺锰可导致生长机能障碍，不育不孕和骨骼短粗，腱滑脱等现象。锰可以硫酸锰、氧化锰或各种有机锰的形式补充到反刍动物日粮中。虽然锰相对无毒，各种动物日粮锰的耐受量较高，但锰过多可影响反刍动物瘤胃微生物生长繁殖，锰过多还可干扰铁、钴的吸收和利用，继发钴、铁的缺乏。

5. 钴

钴是维生素B_{12}（钴胺素）的组成成分，有助于瘤胃微生物合成维生素B_{12}。缺钴影响血红素和红细胞的形成。山羊缺钴会出现食欲下降、流泪、毛被粗硬、精神不振、贫血等症状。在缺钴的地区，可以在山羊日粮中补充饲料级来源的硫酸钴和氯化钴。

6. 碘

碘是三碘甲腺原氨酸（T_3）和甲状腺激素甲腺原氨酸（T_4）的必需组分，这两种甲状腺激素调控着体内能量代谢的速度。碘缺乏会出现甲状腺肥大、羔羊生长缓慢甚至死亡。

7. 硒

硒是谷胱甘肽过氧化物酶重要成分，参与催化过氧化氢和脂质氢化物的降解，从而保护体组织不被氧化。缺硒羔羊易出现白肌病、生长减慢，母羊缺硒会出现繁殖性能紊乱、空怀和死胎。硒通常以亚硒酸钠或酵母硒的形式补充到动物日粮中。硒为剧毒性物质，过量会引起硒中毒，表现为掉毛、蹄部溃疡至脱落、繁殖力显著下降等。

五、维生素的营养需要

维生素是动物维持正常生理机能所必需的物质，其主要功能是控制、调节代谢作用。维生素不足可引起体内营养物质代谢作用的紊乱。

现已知的维生素有20余种，可分为脂溶性和水溶性两大类。脂溶性维生素可溶于脂肪，包括维生素A、维生素E、维生素D和维生素K等，在体内有一定的贮存，短时供应不足，对羊的生长无不良影响。水溶性维生素可溶于水，主要有B族维生素和维生素C，在体内不能贮备。成年羊瘤胃微生物可合成B族维生素和维生素K，一般情况下不用补充，因此，在养羊生产中一般较重视维生素A和维生素D。在羔羊阶段，由于瘤胃微生物区系尚未建立，无法合成维生素B和维生素K，所以也需要从日粮中提供。

（一）脂溶性维生素

1. 维生素A

维生素A又称视黄醇或抗干眼病因子，具有维持正常视觉功能、维护上皮组织细胞的健康和促进免疫球蛋白的合成、维持骨骼正常生长发育及促进生长与生殖等功能。维生素A主要存在于动物性饲料原料中，植物性饲料原料本身不含维生素，但却含有β-胡萝卜素等维生素A的前体物，在动物体内可以转化成维生素A。山羊在采食高精料日粮、在干旱环境中生长的发白的牧草或干草、在阳光、空气和高温中暴露过久的饲料、用矿物质等氧化物过度处理或与氧化物混合的饲料、贮存时间过长的饲料时易发生维生素A缺乏症，而出现夜盲症及一些繁殖疾病（受胎率低、流产、死胎）等。羊每天对维生素A的需要量为每千克体重47IU，在妊娠后期和泌乳期的需要量增加。

2. 维生素D

维生素D为固醇类衍生物，具有抗佝偻病的作用。植物不含维生素D，但维生素D原在动、植物体内都存在。维生素D是一种脂溶性维生素，有5种化合物，对健康关系较密切的是维生素D_2和维生素D_3。它们有以下3点特性：①它存在于部分天然食物中。②山羊皮下储存有从胆固醇生成的7-脱氢胆固醇，受紫外线的照射后，可转变为维生素D_3。③适当的日光浴足以满足山羊对维生素D的需要。但是如果长时间阴雨天气或舍饲山羊，可能会出现维生素D缺乏症。

3. 维生素E

维生素E水解产物为生育酚，是最主要的抗氧化剂之一。具有促进性激素分泌，提高生育能力，预防流产等功能。在天然饲料原料中维生素E主要以α-生育酚形式存在，存在于油料植物来源的饲料中。新鲜的牧草中也有较高含量的维生素E，自然干燥的干草在储藏过程中会损失掉大部分的维生素E。常用于动物日粮中的乙酸生育酚是人工合成的，其与乙酸相连的醇基可防止生育酚在日粮中被破坏。维生素E缺乏的典型病症为白肌病，其症状包括肌肉营养不良、腿部肌肉衰弱、交叉行走及由于舌肌营养不良而引起吮乳障碍、心力衰竭、麻痹和肝坏死等。母羊每天需要维生素E 30~50IU，羔羊需要5~10IU。一般放牧条件下可以满足山羊对维生素E的需要，但是舍饲条件下应该注意对维生素E的补充。

4. 维生素K

维生素K又叫凝血维生素，主要作用是催化肝脏对凝血酶原和凝血素的合成。青绿饲料含有大量的维生素K，山羊瘤胃微生物也可以合成维生素K，一般不会出现缺乏症。但是霉变饲料中的霉菌毒素及一些药物如抗生素和磺胺类药物对维生素K有拮抗的作用，在山羊长期使用霉变饲料或抗生素时需要注意对维生素K的补充。

（二）水溶性维生素

就反刍动物而言，其瘤胃微生物可以合成足够的水溶性维生素，一般不需要通过日粮补充。但是对山羊而言，烟酸较为重要，因为在肝脏将门静脉血氨转化为尿素的解毒过程和肝脏中酮的代谢过程都需要烟酸的参与。

烟酸以烟酰胺、烟酰胺腺嘌呤二核甘酸（NAD）和烟酸胺腺嘌呤二核甘酸磷酸（NADP）等辅酶形式在碳水化合物、蛋白质和脂肪代谢中发挥着重要作用。另外，有研究表明，在山羊饲喂高精料日粮中添加大量的烟酸，可以预防山羊酸中毒。

在正常情况下瘤胃微生物可以合成足够的烟酸，但仍然有一些因素可以影响山羊对烟酸的需要量，如蛋白质（氨基酸）平衡、日粮能量供给量、日粮酸败程度和饲料中烟酸的利用率。过量的亮氨酸、精氨酸和甘氨酸会增加烟酸的需要量；提高日粮的色氨酸含量则使烟酸的需要量降低。高能日粮和特殊抗生素的使用会增加烟酸的需要量。羔羊对烟酸缺乏特别敏感，在瘤胃发育完全以前，必须从日粮中获取烟酸或色氨酸。在许多种动物中，烟酸缺乏的第一表现为食欲丧失、生长减慢、肌肉虚弱、消化紊乱和腹泻，皮肤出现鳞状皮炎及发生小红细胞性贫血。

第二节　山羊的饲养标准

一、饲养标准

（一）饲养标准的定义及作用

饲养标准是根据大量饲养试验结果和动物生产实践的经验总结，对各种特定动物所需要的各种营养物质的定额做出规定，这种系统的营养定额及有关资料统称为饲养标准。

山羊的饲养标准是指根据大量的实践经验和科学试验制定的不同品种、性别、年龄、体重、生理状态、生产目的、生产性能、环境条件等山羊对能量和各种营养物质的需要量；能反映山羊不同发育阶段、不同生理状态、不同生产方向和水平对能量、蛋白质、矿物质和维生素等的需要量。

饲养标准要求各种营养物质不但数量要充足，而且比例要恰当。饲养标准是按营养物质指标指定的，绝不应和饲料标准或饲料定额等同起来，饲养标准也不是营养"供给量"，供给量是营养科学初始阶段，为保证山羊群体大多数都得到满足需要，而以高定额为基准的指标，缺乏科学性。而饲养标准是根据科学试验结果，结合实际饲养经验制定的标准仅供参考，由于羊的品种、体重、生产性能不同，饲养地的自然条件、饲养管理技术水平不同，用于支撑生长发育及生产产品的营养需要多少也不一样，所以应根据本地的实际生产对饲养水平酌情调整。饲养标准是日粮配制的科学依据和重要参数，只有依据饲养标准科学配制日粮，才能保证羊获得足够的营养，充分发挥山羊的生产潜力，降低饲养成本，从而获取最大的经济效益。

（二）现有的饲养标准

目前最具有区域代表性的有美国的国家科学研究委员会（NRC）、英国的农业科学研究委员会（AFRC）、法国的INRA和澳大利亚CSIRO所制定的反刍家畜（奶牛、肉牛、绵羊、山羊）饲养标准体系。美国NRC饲养标准重点体现科研为生产服务的时效性，版本更新及时，模型参数详尽，虽指标繁多，但可以最大限度满足不同层次用户的使用需求。英国ARC、澳大利亚CSIRO、法国INRA饲养标准体系中给出的指标体系框架简明，技术参数与数学模型来源及试验条件清楚，具有一定的客观公正性。

我国在山羊饲养标准起草与制定工作相对滞后。改革开放以前，我国的羊品种多以产毛和肉毛兼用的细毛绵羊为主，少量山羊为辅，饲养模式多以放牧加补饲为主，加上绵羊在我国分布的区域、地理、气候环境、饲草饲料组成存在很大的差别，显然制定一个统一的饲养标准从理论是不相宜的。但我国关于山羊营养需要参数的研究工作并没有停止，通过开展的试验研究并因地制宜提出了不同地方饲养标准或企业饲养标准，这些推荐标准在指标采用上大同小异，但营养参数的具体建议数值方面存在较大的差异。直到2004年我国首次颁布了肉羊饲养标准（NY/T 816—2004），该标准中规定了山羊对日粮干物质的采食量、消化能、代谢能、粗蛋白、维生素、矿物质元素每日需要值。该标准适用于产肉为主，产毛、产绒为辅的山羊品种，并附有中国羊常用饲料成分及营养价值表。

（三）饲养标准的应用

对有明确规定的山羊的品种、生理阶段，而又有相应品种的推荐标准时，尽量以推荐标准为参考。如马头山羊、宜昌白山羊等地方优良山羊品种还没有专门的饲养标准，一般参照中国农业行业《肉羊饲养标准》（NY/T 816—2004），也可参照美国NRC推荐的山羊饲养标准，并根据当地具体情况进行适当调整。

应用饲养标准要结合当地的饲料资源。将饲料的产地、来源、营养含量等情况与饲养山羊的体质、利用饲料的能力等有机地结合起来，做到合理利用，特别是饲料原料应该考虑立足本地，有利于降低饲养成本，提高经济效益，同时也要注意日粮的适口性和营养价值。借鉴国外或外地的饲养标准，要选择在饲料资源、羊的品种、管理等条件上与本地相近者，边应用、边总结调整，不要生搬硬套，盲目引用。并且要根据羊在不同阶段的生理特点及营养需要进行科学配制。如母羊在空怀期、怀孕期、哺乳期，要分别给予适宜的营养水平。

应用饲养标准要参照选用的羊饲养标准中规定的各营养指标，且指标中至少要考虑干物质采食量（DM）、消化能（NE）或者代谢能（ME）、粗蛋白（CP）、钙（Ca）、磷（P）、食盐（NaCl）、微量元素（铁、锰、铜、锌、硒、碘、钴等）、维生素A、维生素D和维生素E等指标。

另外，要考虑山羊的消化生理特点，为充分发挥羊瘤胃微生物的消化作用，在日粮组成中，要以青、粗饲料为主，首先满足其对粗纤维的需要，再根据情况适当搭配好精、粗饲料的比例。粗饲料的喂量不易过高，要保证羊四季不缺青、粗饲料和多汁饲料。要保证所配日粮要与羊消化道的容积相适应，这是保证羊正常消化的物质基础。选用适宜的粗纤维饲料，如青干草、农作物秸秆，还有品质优良的苜蓿干草、豆科和禾本科混播的青刈干草、青贮玉米等，降低精饲料的喂量。禁止使用动物性饲料（奶粉及奶制品除外），充分使用饼粕类或用加热处理、甲醛处理的过瘤胃饼粕。但对羊肉品质有影响的饲料，如菜籽粕、糟渣类饲料、蚕蛹粉等尽量少用。同时，饲料原料多样化，可达到养分互补，能提高饲料的全价性和饲养效益。

饲料添加剂是配合饲料的核心，要选择安全、有效、低毒、无残留又经过批准使用的饲料添加剂，如非蛋白氮、过瘤胃氨基酸、脲酶抑制剂、生长促进剂、酶制剂、瘤胃代谢调控剂、微生态制剂、中草药饲料添加剂等。

对使用比例较小的饲料添加剂应先与少量饲料预混合，然后再和大量饲料混合均匀。如果混合不均匀，羊个体间采食不均，除了失去应发挥的作用外，也易造成中毒而带来不应有的损失。

二、肉用山羊每日营养需要量

（一）山羊羔羊每日营养需要量

1～16kg体重阶段山羊羔羊消化能、代谢能、粗蛋白、钙、总磷、食用盐每日营养需要量见表3-2。

表3-2　生长育肥山羊羔羊每日营养需要量

体重 （kg）	日增重 （kg/d）	干物质采 食量 （kg/d）	消化能 （MJ/d）	代谢能 （MJ/d）	粗蛋白 （g/d）	钙 （g/d）	总磷 （g/d）	食用盐 （g/d）
1	0.00	0.12	0.55	0.46	3	0.1	0.0	0.6
1	0.02	0.12	0.71	0.60	9	0.8	0.5	0.6
1	0.04	0.12	0.89	0.75	14	1.5	1.0	0.6
2	0.00	0.13	0.9	0.76	5	0.1	0.1	0.7
2	0.02	0.13	1.08	0.91	11	0.8	0.6	0.7
2	0.04	0.13	1.26	1.06	16	1.6	1.0	0.7
2	0.06	0.13	1.43	1.20	22	2.3	1.5	0.7
4	0.00	0.18	1.64	1.38	9	0.3	0.2	0.9
4	0.02	0.18	1.93	1.62	15	1.0	0.7	0.9
4	0.04	0.18	2.2	1.85	22	1.7	1.1	0.9
4	0.06	0.18	2.48	2.08	29	2.4	1.6	0.9
4	0.08	0.18	2.76	2.32	35	3.1	2.1	0.9
6	0.00	0.27	2.29	1.88	11	0.4	0.3	1.3
6	0.02	0.27	2.32	1.90	22	1.1	0.7	1.3
6	0.04	0.27	3.06	2.51	33	1.8	1.2	1.3
6	0.06	0.27	3.79	3.11	44	2.5	1.7	1.3
6	0.08	0.27	4.54	3.72	55	3.3	2.2	1.3
6	0.10	0.27	5.27	4.32	67	4.0	2.6	1.3
8	0.00	0.33	1.96	1.61	13	0.5	0.4	1.7
8	0.02	0.33	3.06	2.50	24	1.2	0.8	1.7
8	0.04	0.33	4.11	3.37	36	2.0	1.3	1.7
8	0.06	0.33	5.18	4.25	47	2.7	1.8	1.7
8	0.08	0.33	6.26	5.13	58	3.4	2.3	1.7
8	0.10	0.33	7.33	6.01	69	4.1	2.7	1.7
10	0.00	0.46	2.33	1.91	16	0.7	0.4	2.3
10	0.02	0.48	3.73	3.06	27	1.4	0.9	2.4
10	0.04	0.50	5.15	4.22	38	2.1	1.4	2.5
10	0.06	0.52	6.55	5.37	49	2.8	1.9	2.6
10	0.08	0.54	7.96	6.53	60	3.5	2.3	2.7

（续表）

体重 （kg）	日增重 （kg/d）	干物质采 食量 （kg/d）	消化能 （MJ/d）	代谢能 （MJ/d）	粗蛋白 （g/d）	钙 （g/d）	总磷 （g/d）	食用盐 （g/d）
10	0.10	0.56	9.38	7.69	72	4.2	2.8	2.8
12	0.00	0.48	2.67	2.19	18	0.8	0.5	2.4
12	0.02	0.5	4.41	3.62	29	1.5	1.0	2.5
12	0.04	0.52	6.16	5.05	40	2.2	1.5	2.6
12	0.06	0.54	7.90	6.48	52	2.9	2.0	2.7
12	0.08	0.56	9.65	7.91	63	3.7	2.4	2.8
12	0.10	0.58	11.4	9.35	74	4.4	2.9	2.9
14	0.00	0.50	2.99	2.45	20	0.9	0.6	2.5
14	0.02	0.52	5.07	4.16	31	1.6	1.1	2.6
14	0.04	0.54	7.16	5.87	43	2.4	1.6	2.7
14	0.06	0.56	9.24	7.58	54	3.1	2.0	2.8
14	0.08	0.58	11.33	9.29	65	3.8	2.5	2.9
14	0.10	0.60	13.4	10.99	76	4.5	3.0	3.0
16	0.00	0.52	3.30	2.71	22	1.1	0.7	2.6
16	0.02	0.54	5.73	4.70	34	1.8	1.2	2.7
16	0.04	0.56	8.15	6.68	45	2.5	1.7	2.8
16	0.06	0.58	10.56	8.66	56	3.2	2.1	2.9
16	0.08	0.60	12.99	10.65	67	3.9	2.6	3.0
16	0.10	0.62	15.43	12.65	78	4.6	3.1	3.1

注：1. 表中0～8kg体重阶段肉用山羊羔羊日粮干物质采食量（DMI）按每千克代谢体重0.07kg估算；体重大于10kg时，按中国农业科学院北京畜牧兽医研究所2003年提供的如下公式计算获得：

$$DMI（kg/d）=（26.45×W^{0.75}+0.99×ADG）/1\,000$$

式中，W为体重（kg）；ADG为日增重（g/d）

2. 表中代谢能（ME）、粗蛋白（CP）数值参考自杨在宾（1997）对青山羊数据资料

3. 表中消化能（DE）需要量数值根据ME/0.82估算

（二）生长育肥山羊每日营养需要量

15～30kg体重阶段育肥山羊消化能、代谢能、粗蛋白、钙、总磷、食用盐每日营养需要量见表3-3。

表3-3　育肥山羊每日营养需要量

体重 （kg）	日增重 （kg/d）	干物质采 食量 （kg/d）	消化能 （MJ/d）	代谢能 （MJ/d）	粗蛋白 （g/d）	钙 （g/d）	总磷 （g/d）	食用盐 （g/d）
15	0.00	0.51	5.36	4.40	43	1.0	0.7	2.6
15	0.05	0.56	5.83	4.78	54	2.8	1.9	2.8
15	0.10	0.61	6.29	5.15	64	4.6	3.0	3.1
15	0.15	0.66	6.75	5.54	74	6.4	4.2	3.3
15	0.20	0.71	7.21	5.91	84	8.1	5.4	3.6
20	0.00	0.56	6.44	5.28	47	1.3	0.9	2.8
20	0.05	0.61	6.91	5.66	57	3.1	2.1	3.1
20	0.10	0.66	7.37	6.04	67	4.9	3.3	3.3
20	0.15	0.71	7.83	6.42	77	6.7	4.5	3.6
20	0.20	0.76	8.29	6.80	87	8.5	5.6	3.8
25	0.00	0.61	7.46	6.12	50	1.7	1.1	3.0
25	0.05	0.66	7.92	6.49	60	3.5	2.3	3.3
25	0.10	0.71	8.38	6.87	70	5.2	3.5	3.5
25	0.15	0.76	8.84	7.25	81	7.0	4.7	3.8
25	0.20	0.81	9.31	7.63	91	8.8	5.9	4.0
30	0.00	0.65	8.42	6.69	53	2.0	1.3	3.3
30	0.05	0.70	8.88	7.28	63	3.8	2.5	3.5
30	0.10	0.75	9.35	7.66	74	5.6	3.7	3.8
30	0.15	0.80	9.81	8.04	84	7.4	4.9	4.0
30	0.20	0.85	10.27	8.42	94	9.1	6.1	4.2

注：表中干物质进食量（DMI）、消化能（DE）、代谢能（ME）、粗蛋白（CP）数值来源于中国农业科学院北京畜牧兽医研究所（2003），具体计算公式如下：

DMI（kg/d）=（$26.45 \times W^{0.75} + 0.99 \times ADG$）/1 000

DE（MJ/d）=$4.184 \times$（$140.61 \times LBW^{0.75} + 2.21 \times ADG + 210.3$）/1 000

ME（MJ/d）=$4.184 \times$（$0.475 \times ADG + 95.19$）$\times LBW^{0.75}$/1 000

CP（g/d）=$28.66 + 1.905 \times LBW^{0.75} + 0.202\ 4 \times ADG$

式中，LBW为活体重（kg）；ADG为日增重（g/d）

三、后备公山羊每日营养需要量

后备公山羊每日营养需要量见表3-4。

表3-4 后备公山羊每日营养需要量

体重 （kg）	日增重 （kg/d）	干物质采 食量 （kg/d）	消化能 （MJ/d）	代谢能 （MJ/d）	粗蛋白 （g/d）	钙 （g/d）	总磷 （g/d）	食用盐 （g/d）
12	0.00	0.048	3.78	3.10	24	0.8	0.5	2.4
12	0.02	0.50	4.10	3.36	32	1.5	1.0	2.5
12	0.04	0.52	4.43	3.63	40	2.2	1.5	2.6
12	0.06	0.54	4.47	3.89	49	2.9	2.0	2.7
12	0.08	0.56	5.06	4.15	57	3.7	2.4	2.8
12	0.10	0.58	5.38	4.41	66	4.4	2.9	2.9
15	0.00	0.51	4.48	3.67	28	1.0	0.7	2.6
15	0.02	0.53	5.28	4.33	36	1.7	1.1	2.7
15	0.04	0.55	6.10	5.00	45	2.4	1.6	2.8
15	0.06	0.57	5.70	5.67	53	3.1	2.1	2.9
15	0.08	0.59	7.72	6.33	61	3.9	2.6	3.0
15	0.10	0.61	8.54	7.00	70	4.6	3.0	3.1
18	0.00	0.54	5.12	4.20	32	1.2	0.8	2.7
18	0.02	0.56	6.44	5.28	40	1.9	1.3	2.8
18	0.04	0.58	7.74	6.35	49	2.6	1.8	2.9
18	0.06	0.60	9.05	7.42	57	3.3	2.2	3.0
18	0.08	0.62	10.35	8.49	66	4.1	2.7	3.1
18	0.10	0.64	11.66	9.56	74	4.8	3.2	3.2
21	0.00	0.57	5.76	4.72	36	1.4	0.9	2.9
21	0.02	0.59	7.56	6.20	44	2.1	1.4	3.0
21	0.04	0.61	9.35	7.67	53	2.8	1.9	3.1
21	0.06	0.63	11.16	9.15	61	3.5	2.4	3.2
21	0.08	0.65	12.96	10.63	70	4.3	2.8	3.3
21	0.10	0.67	14.76	12.10	78	5.0	3.3	3.4
24	0.00	0.60	6.37	5.22	40	1.6	1.1	3.0
24	0.02	0.62	8.66	7.10	48	2.3	1.5	3.1
24	0.04	0.64	10.95	8.98	56	3.0	2.0	3.2
24	0.06	0.66	13.27	10.88	65	3.7	2.5	3.3
24	0.08	0.68	15.54	12.74	73	4.5	3.0	3.4
24	0.10	0.70	17.83	14.62	82	5.2	3.4	3.5

四、种羊妊娠期每日营养需要量

种羊妊娠期每日营养需要量见表3-5。

表3-5　种羊妊娠期每日营养需要量

妊娠阶段	体重（kg）	干物质采食量（kg/d）	消化能（MJ/d）	代谢能（MJ/d）	粗蛋白（g/d）	钙（g/d）	总磷（g/d）	食用盐（g/d）
空怀期	10	0.39	3.37	2.76	34	4.5	3.0	2.0
	15	0.53	4.54	3.72	43	4.8	3.2	2.7
	20	0.66	5.62	4.61	52	5.2	3.4	3.3
	25	0.78	6.63	5.44	60	5.5	3.7	3.9
	30	0.90	7.59	6.22	67	5.8	3.9	4.5
1～90d	10	0.39	4.80	3.94	55	4.5	3.0	2.0
	15	0.53	6.82	5.59	65	4.8	3.2	2.7
	20	0.66	8.72	7.15	73	5.2	3.4	3.3
	25	0.78	10.56	8.66	81	5.5	3.7	3.9
	30	0.90	12.34	10.12	89	5.8	3.9	4.5
91～120d	15	0.53	7.55	6.19	97	4.8	3.2	2.7
	20	0.66	9.51	7.80	105	5.2	3.4	3.3
	25	0.78	11.39	9.34	113	5.5	3.7	3.9
	30	0.90	13.20	10.82	121	5.8	3.9	4.5
120d以上	15	0.53	8.54	7.00	124	4.8	3.2	2.7
	20	0.66	10.54	8.64	132	5.2	3.4	3.3
	25	0.78	12.43	10.19	140	5.5	3.7	3.9
	30	0.90	14.27	11.70	148	5.8	3.9	4.5

五、种羊泌乳期每日营养需要量

种羊泌乳前期每日营养需要量见表3-6，泌乳后期每日营养需要量见表3-7。

表3-6　种羊泌乳前期每日营养需要量

体重（kg）	泌乳量（kg/d）	干物质采食量（kg/d）	消化能（MJ/d）	代谢能（MJ/d）	粗蛋白（g/d）	钙（g/d）	总磷（g/d）	食用盐（g/d）
10	0.00	0.39	3.12	2.56	24	0.7	0.4	2.0

（续表）

体重 （kg）	泌乳量 （kg/d）	干物质采 食量 （kg/d）	消化能 （MJ/d）	代谢能 （MJ/d）	粗蛋白 （g/d）	钙 （g/d）	总磷 （g/d）	食用盐 （g/d）
10	0.50	0.39	5.73	4.70	73	2.8	1.8	2.0
10	0.75	0.39	7.04	5.77	97	3.8	2.5	2.0
10	1.00	0.39	8.34	6.84	122	4.8	3.2	2.0
10	1.25	0.39	9.65	7.91	146	5.9	3.9	2.0
10	1.50	0.39	10.95	8.98	170	6.9	4.6	2.0
15	0.00	0.53	4.24	3.48	33	1.0	0.7	2.7
15	0.50	0.53	6.84	5.61	31	3.1	2.1	2.7
15	0.75	0.53	8.15	6.68	106	4.1	2.8	2.7
15	1.00	0.53	9.45	7.75	130	5.2	3.4	2.7
15	1.25	0.53	10.76	8.82	154	6.2	4.1	2.7
15	1.50	0.53	12.06	9.89	179	7.3	4.8	2.7
20	0.00	0.66	5.26	4.31	40	1.3	0.9	3.3
20	0.50	0.66	7.87	6.45	89	3.4	2.3	3.3
20	0.75	0.66	9.17	7.52	114	4.5	3.0	3.3
20	1.00	0.66	10.48	8.59	138	5.5	3.7	3.3
20	1.25	0.66	11.78	9.66	162	6.5	4.4	3.3
20	1.50	0.66	13.09	10.73	187	7.6	5.1	3.3
25	0.00	0.78	6.22	5.10	48	1.7	1.1	3.9
25	0.50	0.78	8.83	7.24	97	3.8	2.5	3.9
25	0.75	0.78	10.13	8.31	121	4.8	3.2	3.9
25	1.00	0.78	11.44	9.38	145	5.8	3.9	3.9
25	1.25	0.78	12.73	10.44	170	6.9	4.6	3.9
25	1.50	0.78	14.04	11.51	194	7.9	5.3	3.9
30	0.00	0.90	6.70	5.49	55	2.0	1.3	4.5
30	0.50	0.90	9.73	7.98	104	4.1	2.7	4.5
30	0.75	0.90	11.04	9.05	128	5.1	3.4	4.5
30	1.00	0.90	12.34	10.12	152	6.2	4.1	4.5
30	1.25	0.90	13.65	11.19	177	7.2	4.8	4.5
30	1.50	0.90	14.95	12.26	201	8.3	5.5	4.5

注：泌乳前期指泌乳第1～30d

表3-7　种羊泌乳后期每日营养需要量

活体重（kg）	泌乳量（kg/d）	干物质采食量（kg/d）	消化能（MJ/d）	代谢能（MJ/d）	粗蛋白质（g/d）	钙（g/d）	总磷（g/d）	食用盐（g/d）
10	0.00	0.39	3.71	3.04	22	0.7	0.4	20
10	0.50	0.39	4.67	3.83	48	1.3	0.9	2.0
10	0.75	0.39	5.30	4.35	65	1.7	1.1	2.0
10	1.00	0.39	6.90	5.66	108	2.8	1.8	2.0
10	1.25	0.39	8.50	6.97	151	3.8	2.5	2.0
10	1.50	0.39	10.10	8.28	194	4.8	3.2	2.0
15	0.00	0.53	5.02	4.12	30	1.0	0.7	2.7
15	0.50	0.53	5.99	4.91	55	1.6	1.1	2.7
15	0.75	0.53	6.62	5.43	73	2.0	1.4	2.7
15	1.00	0.53	8.22	6.74	116	3.1	2.1	2.7
15	1.25	0.53	9.82	8.05	159	4.1	2.8	2.7
15	1.50	0.53	11.41	9.36	201	5.2	3.4	2.7
20	0.00	0.66	6.24	5.12	37	1.3	0.9	3.3
20	0.50	0.66	7.20	5.90	63	2.0	1.3	3.3
20	0.75	0.66	7.84	6.43	80	2.4	1.6	3.3
20	1.00	0.66	9.44	7.74	123	3.4	2.3	3.3
20	1.25	0.66	11.04	9.05	166	4.5	3.0	3.3
20	1.50	0.66	12.63	10.36	209	5.5	3.7	3.3
25	0.00	0.78	7.38	6.05	44	1.7	1.1	3.9
25	0.50	0.78	8.34	6.84	69	2.3	1.5	3.9
25	0.75	0.78	8.98	7.36	87	2.7	1.8	3.9
25	1.00	0.78	10.57	8.67	129	3.8	2.5	3.9
25	1.25	0.78	12.17	9.98	172	4.8	3.2	3.9
25	1.50	0.78	13.77	11.29	215	5.8	3.9	3.9
30	0.00	0.90	8.46	6.94	50	2.0	1.3	4.5
30	0.50	0.90	9.41	7.72	76	2.6	1.8	4.5
30	0.75	0.90	10.06	8.25	93	3.0	2.0	4.5
30	1.00	0.90	11.66	9.56	136	4.1	2.7	4.5
30	1.25	0.90	13.24	10.86	179	5.1	3.4	4.5
30	1.50	0.90	14.85	12.18	222	6.2	4.1	4.5

注：泌乳后期指泌乳第31～70d

六、山羊对矿物质元素每日营养需要量

（一）山羊对常量矿物质元素的需要量

山羊对常量矿物质元素每日营养需要量（以进食日粮干物质为基础）见表3-8。

表3-8　山羊对常量矿物质元素每日营养需要量参数

常量元素	维持（mg/kg体重）	妊娠（g/kg胎儿）	泌乳（g/kg产奶）	生长（g/kg）	吸收率（%）
Ca	20	11.5	1.25	10.7	30
P	30	6.6	1	6	65
Mg	3.5	0.3	0.14	0.4	20
K	50	2.1	2.1	2.4	90
Na	15	1.7	0.4	1.6	80
S	0.16%~0.32%（以进食日粮干物质为基础）				—

（二）山羊对微量矿物质元素的需要量

山羊对微量矿物质元素需要量（以进食日粮干物质为基础）见表3-9。

表3-9　山羊对微量矿物质元素需要量（以进食日粮干物质为基础）

微量元素	推荐量（mg/kg）
Fe	30~40
Cu	10~20
Co	0.11~0.2
I	0.15~2.0
Mn	60~120
Zn	50~80
Se	0.05

注：表中推荐数值参考自AFRC（1998），以进食日粮干物质为基础

第四章　山羊常用饲料原料分类、营养特点及品质控制

第一节　饲料的分类

一、饲料分类法的依据和原则

饲料，是指用于饲养动物所用食物的统称，其内在含义是指在合理使用条件下能提供饲养动物所需养分，保证健康，促进生长和生产，且不发生有毒、有害作用的可饲物质。饲料研究涉及两个范畴，饲料原料和饲料产品，本章中提到的饲料主要指饲料原料。由于饲料种类繁多，不同饲料之间养分组成复杂，且营养价值差别很大，同时随着动物营养研究的不断深入同一饲料的不同组分或不同处理手段，都能引起饲料利用价值的变化，因此，需要对饲料进行分类，将具有同样特性、成分和营养价值的饲料进行归属，以便于合理的利用饲料资源。

饲料分类的基本原则是：简便、实用以及科学。通过给每种饲料确定一个标准名称，使得属于统一标准名称的饲料，具有相似的特性、组成成分和营养价值。传统的饲料分类方法主要依据饲料的物理化学性状和来源进行分类，由其来源可以分为植物性、动物性、矿物质和人工合成饲料等；由其物理化学性状又可以分为粗饲料、青绿多汁饲料、精饲料和添加剂等类型。但是这些分类法并不能很好的反映出饲料的营养价值，不利于自动化管理。目前，国际上比较通用的饲料分类法是国际饲料分类法，我国使用的饲料分类法是在国际饲料分类法的基础上依据生产实际改进而来。

二、国际饲料分类法

国际饲料分类法是由美国学者哈理斯（L.E.Harris）于1956年首先提出。这一分

类法以饲料干物质的主要营养特性为基础（水分、粗纤维、蛋白质），将饲料分成八大类，对每类饲料给以相应的国际饲料编码（International Feeds Number，IFN），并应用计算机技术建立有国际饲料数据管理系统。这一分类系统在国际上已有一些国家采用。

在国际饲料分类法中，以各种饲料干物质中的主要营养成分为基础，将饲料分为粗饲料、青绿饲料、青贮饲料、能量饲料、蛋白质饲料、矿物质饲料、维生素饲料及饲料添加剂。其分类特性及代码如表4-1所示。

表4-1　国际饲料分类法及其编码

饲料分类	IFN	自然含水分（%）	DM中粗纤维含量（%）	DM中粗蛋白含量（%）
粗饲料	1-00-000	<60.0	≥18.0	
青绿饲料	2-00-000	≥60.0		
青贮饲料	3-00-000	≥60.0		
能量饲料	4-00-000	<60.0	<18.0	<20.0
蛋白质饲料	5-00-000	<60.0	<18.0	≥20.0
矿物质饲料	6-00-000			
维生素饲料	7-00-000			
饲料添加剂	8-00-000			

三、中国饲料分类法

中国饲料分类法是根据国际饲料分类原则并与本国传统饲料分类法相结合，在八大类饲料的基础上（表4-2），结合传统饲料分类习惯分成17亚类（表4-3），形成中国饲料分类法及其编码系统如表4-3所示。迄今可能出现的类别有37类，每类饲料对应的中国饲料编码（Chinese Feeds Number，CFN），共7位数，其形式为：0-00-0000，其中首位为IFN首位，第2、第3位为CFN亚类编号，第4位至第7位为顺序号。

表4-2　中国饲料分类法原则

饲料分类	饲料编码（第一位）	自然含水分（%）	DM中粗纤维含量（%）	DM中粗蛋白含量（%）
粗饲料	1	<45.0	>18.0	
青绿饲料	2	≥45.0		
青贮饲料	3	≥45.0		
能量饲料	4	<45.0	<18.0	<20.0
蛋白质饲料	5	<45.0	<18.0	≥20.0
矿物质饲料	6			

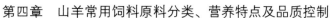

（续表）

饲料分类	饲料编码 （第一位）	自然含水分（%）	DM中粗纤维含量 （%）	DM中粗蛋白含量 （%）
维生素饲料	7			
饲料添加剂	8			

表4-3　中国饲料分类法17个亚类及其编码

中国饲料亚类序号	饲料种类	饲料编码（前三位）	分类依据
01	青绿多汁饲料	2-01	自然含水
02	树叶类饲料	1-02，2-02，5-02，4-02	水、纤维、蛋白
03	青贮饲料	3-03	水、加工方法
04	块根、块茎、瓜果类饲料	2-04，4-04	水、纤维、蛋白
05	干草类饲料	1-05，5-05，4-05	水、纤维、蛋白
06	农副产品类饲料	1-06，4-06，5-06	水、纤维
07	谷实类饲料	4-07	水、纤维、蛋白
08	糠麸类饲料	4-08，1-08	水、纤维、蛋白
09	豆类饲料	5-09，4-09	水、纤维、蛋白
10	饼粕类饲料	5-10，4-10，1-10	水、纤维、蛋白
11	糟渣类饲料	1-11，4-11，5-11	纤维、蛋白
12	草籽、树实类饲料	1-12，4-12，5-12	水、纤维、蛋白
13	动物性饲料	5-13	来源
14	矿物质饲料	6-14	来源、性质
15	维生素饲料	7-15	来源、性质
16	饲料添加剂	8-16	性质
17	油脂类饲料及其他	8-17	性质

第二节　常用精饲料营养特点及品质控制

一、能量饲料

能量饲料是指自然含水量低于45%，绝干物质中粗纤维含量低于18%，粗蛋白低于20%，可消化能含量高于10.45MJ/kg的饲料。能量饲料主要包括：谷实类饲料，如玉米、稻谷、大麦、小麦等；糠麸类饲料，如米糠、小麦麸等；富含淀粉及糖类的脱水根、茎、瓜类饲料等。

（一）谷实类饲料

1. 玉米

玉米，是山羊的基础饲料，其能量含量在谷类籽实饲料中居首位，具有可利用能值高，粗纤维含量低，无氮浸出物含量高的特点。玉米粗脂肪含量为3.5%～4.5%，粗蛋白含量为7%～9%，但蛋白品质差，缺乏赖氨酸（Lys）和色氨酸（Trp）等必需氨基酸。此外，玉米中含有多种不饱和脂肪酸，包括亚油酸（谷实中含量最高）、油酸、亚麻酸和花生四烯酸等。

玉米所含矿物质中钙少磷多，磷主要以植酸盐形式存在。除黄玉米维生素A来源丰富（2.0mg/kg）外，所有品种玉米维生素B_1和维生素E较多，但维生素D和维生素K缺乏，维生素B_2和维生素B_5（结合态）的含量也较少。黄玉米中还含有多种色素，如β-胡萝卜素、叶黄素和玉米黄质等。

饲料用玉米的品质主要取决于其不完善粒和容重，要求气味、色泽正常，杂质含量小于1.0%，生霉粒少于2%，粗蛋白（干基）不低于8.0%，水分含量低于14.0%，同时色泽正常，无腐败气味。饲料用玉米的脂肪酸值（KOH）要求小于60mg/100g。同时，饲料卫生标准中规定，玉米中黄曲霉毒素B_1含量应不大于50μg/kg，玉米赤霉烯酮含量应不大于0.5mg/kg，伏马毒素（B_1+B_2）含量应不大于60mg/kg。表4-4为饲用玉米的质量等级指标。

表4-4　饲料用玉米等级质量指标（GB/T 17890—2008）

等级	容重（g/L）	不完善粒含量（%）
一级	≥710	≤5.0
二级	≥685	≤6.5
三级	≥660	≤8.0

玉米饲喂山羊时应当注意：①大量使用玉米时，应当与体积较大的糠麸类并用，以免引起瘤胃臌胀。②整粒玉米外壳有釉质，难以消化利用，因此，应当对玉米进行破碎、压片等方法进行加工处理，其中压片在饲料效率及生长方面都优于整粒、细碎或粗碎的玉米。③在大量使用玉米时，应当注意补充维生素A，山羊将β-胡萝卜素转成维生素A的能力比其他家畜差。④玉米易发生霉变产生黄曲霉毒素、玉米赤霉烯酮、呕吐毒素、T-2毒素等霉菌毒素，会造成山羊生长速度变慢、流产、假发情等症

状，给山羊养殖带来较大损失。因此，应避免使用发霉的玉米。⑤玉米应储存在清洁、干燥、防雨、防潮、防虫、防鼠、无异味的仓库内，不得与有毒有害物质或水分较高的物质混存。入仓前须干燥脱水，保证水分含量≤14%。同时，注意及时监测，防止玉米霉变。粉碎后的玉米易变质。粉碎后釉质破坏，易吸水、结块、发热和污染霉菌，不能久存，应尽快使用。

2. 小麦

小麦的有效能值略低于玉米，这与其粗脂肪含量低（2%，约为玉米的一半）有关。小麦粗蛋白含量较高，为玉米的150%左右，各种氨基酸的含量均优于玉米，只有苏氨酸含量按其占蛋白质的比例来说，明显不足。小麦含较多的B族维生素和维生素E，但维生素A、维生素D、维生素C、维生素K含量很少。矿物质中钙少磷多，铜、锰、锌等含量高于玉米。小麦也可作为山羊良好的饲料，但整粒饲喂会引起消化不良，一般以粗碎为宜，因太细碎易糊嘴。压片或糊化处理可改善利用率。

小麦有明显的后熟作用和较长的后熟期，刚收割入仓的新小麦不适宜做饲料使用，特别是入仓2个月以内的新小麦。小麦收获以后处在后熟期，表现为呼吸强度高，酶活性大，生理代谢旺盛且发芽率低等。后熟作用完成后，小麦中的淀粉、蛋白质、脂肪等物质得到充分合成，干物质含量达到最高，品质有所改善。小麦的后熟期一般在2个月左右，且随种植季节及品种的不同而稍有差异，一般是春小麦后熟期较长，冬小麦则较短；红皮小麦后熟期较长，白皮小麦后熟期较短。

小麦的品质也主要取决于其不完善粒和容重，要求籽粒整齐，色泽新鲜一致，同时无发酵、霉变、结块及异味异臭。不完善粒少于10%，杂质含量低于1.0%，水分含量低于12.5%，容重高于710g/L，同时色泽、气味正常。小麦由于非淀粉多糖等抗营养因子含量较高，在山羊日粮中使用添加量不宜过大，需要控制在精饲料中30%含量以内。小麦易发赤霉病产生呕吐毒素等霉菌毒素，山羊如采食发霉的小麦后会降低粗饲料干物质降解率，使用时应予以重视。表4-5为小麦的质量控制指标。

表4-5　小麦质量控制指标（GB 1351—2008）

等级	容重（g/L）	不完善粒（%）	杂质（%）		水分（%）	色泽、气味
			总量	其中：矿物质		
1	≥790	≤6.0				
2	≥770					
3	≥750	≤8.0	≤1.0	≤0.5	≤12.5	正常
4	≥730					
5	≥710	≤10.0				
等外	<710	—				

注："—"为不要求

3. 大麦

大麦的籽实有两种,带壳的叫皮大麦,不带壳的叫裸大麦。大麦的粗蛋白含量高于玉米,氨基酸中除了亮氨酸及蛋氨酸外均比玉米高,但是利用率比玉米差,可消化赖氨酸总量高于玉米。同时,大麦的粗纤维含量较高,约为玉米的2倍,淀粉及糖类均比玉米少,因此有效能值较低,仅为玉米的85%左右。大麦的维生素含量一般偏低,而且不含胡萝卜素。大麦的磷含量较高,但是主要以植酸磷形式存在。大麦中还含有单宁、非淀粉多糖等抗营养因子,导致大麦具有一些苦涩味,也会增加动物胃肠道食糜的黏稠性,降低饲料利用率。因此,使用大麦日粮最好在日粮中添加植酸酶和非淀粉多糖酶。

大麦要求籽粒整齐,色泽新鲜一致,无发酵、霉变、结块及异味异臭。不得掺入非饲用大麦以外物质,若加入抗氧化剂、防霉剂等添加剂,应做说明。饲料用皮大麦的品质主要取决于其粗蛋白、粗纤维、粗灰分含量,要求水分含量低于13.0%,同时色泽正常,无腐败气味。饲料用裸大麦也以其粗蛋白、粗纤维、粗灰分含量为质量控制指标,同时要求水分含量低于13.0%,饲料用皮大麦的质量控制指标见表4-6,饲料用裸大麦的质量控制指标见表4-7。

山羊对大麦中β-1,3葡聚糖利用率较高,但其添加量在精饲料中的比例以小于40%为佳。大麦用于肥育阶段与玉米价值相近,用于哺乳山羊可提高乳的品质。为防止瘤胃臌胀的发生,大麦不宜粉碎过细,采用蒸汽压片能够调高其适口性,此外,通过微波或碱处理能够提高大麦的消化率。

表4-6 饲料用皮大麦质量控制指标(NY/T 118—1989)

质量指标 \ 等级	一级	二级	三级
粗蛋白(%)	≥11.0	≥10.0	≥9.0
粗纤维(%)	<5.0	<5.5	<6.0
粗灰分(%)	<3.0	<3.0	<3.0

表4-7 饲料用裸大麦质量控制指标(NY/T 210—1992)

质量指标 \ 等级	一级	二级	三级
粗蛋白(%)	≥13.0	≥11.0	≥9.0
粗纤维(%)	<2.0	<2.5	<3.0
粗灰分(%)	<2.0	<2.5	<3.5

（二）糠麸类饲料

1. 小麦麸

小麦麸是小麦加工的副产品，来源广泛，适口性好。小麦麸的营养价值较高，粗蛋白含量可以达到15%以上，而且蛋白质品质较好，氨基酸组成较为平衡，赖氨酸和蛋氨酸的含量分别达到了0.57%和0.1%；小麦麸粗纤维含量较高，为8%～12%，因此有效能值较低；小麦麸中含有大量的B族维生素和维生素E，尤其是维生素B_1、维生素B_5和维生素B_6，但维生素A、维生素D含量较少。小麦麸钙的含量较低，磷含量较高，但大部分磷以植酸磷的形式存在，消化利用率较低。小麦麸还含有大量的膳食纤维和较多的镁盐，可以预防怀孕母羊便秘。另外，山羊对镁的需求量较高，小麦麸可以作为镁元素补充来源。

小麦麸呈细碎屑状，通常为浅红色至浅褐色。优质小麦麸应当保持色泽一致，无霉变、结块或异味。由于小麦麸质地蓬松，因此易被掺入黄土、沙子等，可将少量样品放入玻璃器皿中加水，麦麸密度小，会浮于上层，黄土和沙子则沉淀于底层。小麦麸的品质主要取决于其粗蛋白、粗纤维和粗灰分含量，水分含量不得超过13%。小麦麸中不得掺入其他夹杂物，若加入抗氧化剂、防霉剂等添加剂时，应做相应的说明。小麦麸的结构疏松，空隙大，具有较强的吸湿性，因此，小麦麸在贮存期间易吸湿生霉，使用时应注意其是否霉变及是否产生霉菌毒素。表4-8为饲料用小麦麸的质量控制指标。

表4-8　饲料用小麦麸质量控制指标（NY/T 119—1989）

质量指标 \ 等级	一级	二级	三级
粗蛋白（%）	≥15.0	≥13.0	≥11.0
粗纤维（%）	<9.0	<10.0	<11.0
粗灰分（%）	<6.0	<6.0	<6.0

2. 次粉

次粉也是小麦加工的副产品，是面粉厂磨制精粉后除去小麦麸、胚及合格面粉以外的部分。次粉比小麦麸细，粗蛋白含量略低于小麦麸（14%左右），粗纤维含量大大低于小麦麸，仅为2.8%左右，含有一定量的淀粉，因此有效能值比麦麸高；矿物质元素与维生素含量与小麦麸类似。由于次粉有效能值较高，在玉米价格较高时，可以替代部分玉米作为能量饲料，但是在山羊全混合颗粒饲料中添加量最好不要超过15%，否则容易造成粘嘴现象。

次粉呈粉状，颜色为粉白色至浅褐色，色泽鲜艳一致。和小麦麸一样，次粉在

山羊全混合颗粒饲料配制与饲养新技术

加工过程中水分含量容易超标，验收时同样要注意次粉的水分含量，如果超过13.5%就不能接收。另外，灰分也是判断次粉质量好坏的一个比较好的指标，如果灰分超过3%就说明次粉有可能掺杂或者掺假。表4-9为饲料用次粉的质量控制指标。

表4-9　饲料用次粉质量控制指标（NY/T 211—1992）

质量指标 \ 等级	一级	二级	三级
粗蛋白（%）	≥14.0	≥12.0	≥10.0
粗纤维（%）	<3.5	<5.5	<7.5
粗灰分（%）	<2.0	<3.0	<4.0

3. 米糠

米糠是糙米加工成白米后的副产品，根据其是否脱脂可以分为脱脂米糠和全脂米糠。全脂米糠含碳水化合物30%～35%，粗蛋白含量12%左右，主要由白蛋白、球蛋白、精蛋白、氨基酸等组成，精氨酸含量较高，而赖氨酸含量略低。另外，全脂米糠油脂含量高达10%～18%，且脂肪酸多属不饱和脂肪酸。全脂米糠还含有丰富的B族维生素，但维生素A、维生素D和维生素C的含量较少。值得注意的是，米糠中磷的含量较高，但主要也是以植酸磷形态存在，利用率较低。此外，全脂米糠中还含有胰蛋白酶抑制因子，山羊采食过多可以降低蛋白质利用率，引起消化不良。与全脂米糠不同，脱脂米糠由于米糠脱去油脂，其粗纤维含量增加，粗脂肪含量降低，有效能值大大降低，营养水平也低于全脂米糠。米糠的适口性较好，但是用量过大会软化育肥羊胴体脂肪，降低胴体品质，因此，育肥羊日粮中添加量不宜超过15%。由于其中的胰蛋白酶抑制因子影响蛋白质的消化利用效率，在羔羊日粮中应尽量少用，用量最好不要超过5%。经过热处理（如膨化）的全脂米糠在羔羊日粮中可以增加饲喂量。

全脂米糠由于含有较多的不饱和脂肪酸及大量的脂肪酶，因此极易氧化变质，尤其在高温高湿的季节里，存放两三天的全脂米糠即有酸败的味道，氧化后的脂肪酸会给山羊带来较大的危害，验收米糠的时候一定要注意米糠的新鲜度，闻起来没有氧化酸败的哈味，尝起来有新鲜的米味和一点甜味方能接收。接收的全脂米糠应尽快用完，夏季高温季节储存最好不要超过3d，冬季储存最好不要超过10d（从生产日期计算天数）。验收米糠的时候还应注意其中的粗糠含量，如果过高应该拒绝接收。表4-10为饲料用米糠的质量控制指标。

表4-10　饲料用米糠质量指标（GB 10371—1989）

质量指标 \ 等级	一级	二级	三级
粗蛋白（%）	≥13.0	≥12.0	≥11.0

（续表）

等级 质量指标	一级	二级	三级
粗纤维（%）	<6.0	<7.0	<8.0
粗灰分（%）	<8.0	<9.0	<10.0

二、蛋白质饲料

蛋白质饲料是指自然含水率低于45%，干物质中粗纤维低于18%，同时粗蛋白含量达到或超过20%的饲料。蛋白质饲料通常可分为植物性蛋白质饲料、动物性蛋白质饲料、单细胞蛋白质饲料和非蛋白氮饲料等四大类。由于我国法律法规相关规定禁止在反刍动物饲料中使用动物源性产品，因此，山羊常用的蛋白质饲料主要是植物性蛋白质饲料，包括豆科籽实、饼粕类、谷实加工副产品等。

（一）豆类及油料类籽实

1. 大豆

大豆是我国最重要的油料作物之一，属于双子叶植物纲豆科大豆属。大豆中蛋白质含量丰富，成熟的黄大豆中含粗蛋白约35.5%，粗脂肪17.3%，粗纤维4.3%，适合作蛋白质补充料。同时，大豆中必需氨基酸含量高，其中赖氨酸的含量达到2.2%，但蛋氨酸含量相对较低为0.56%。大豆脂肪多属不饱和脂肪酸，矿物质元素中钙少，钾、磷、钠多，但是磷也多以植酸磷形式存在。大豆中维生素的含量与谷实类饲料原料相似，但是维生素B_1和B_2略高于谷实类。此外，大豆中含有多种抗营养因子，如胰蛋白酶抑制因子、植物凝集素、胃胀气因子等，饲喂前必须煮熟或蒸炒，以保障蛋白质的消化吸收，并降低抗营养因子对山羊的伤害。

膨化大豆是整粒大豆经过膨化而成的饲用产品，其粗蛋白含量在35%左右，粗脂肪在18%左右，由于经过高温加工，除了保留大豆本身的营养成分外，还去除了大豆的抗营养因子，带有浓郁的油香味，具有能量高、蛋白质含量高、消化率高、适口性好等特点，在畜禽及水产饲料中得到了广泛的应用。膨化大豆含有丰富的维生素E和卵磷脂，其油脂稳定，不易发生酸败（极短时间内无氧条件下加工，消除氧化的影响，同时失活抗营养因子脂肪氧化酶），保存时间长。将膨化大豆用于肉用山羊日粮中可以提高羊肉中多不饱和脂肪酸含量，改善羊肉脂肪酸的组成。膨化大豆由于脂肪含量较高，因此和油脂一样容易氧化酸败，采购时应注意其是否存在酸败现象，优质的膨化大豆应该具有熟大豆的清香，而没有生大豆的味道，脲酶活性应该在0.3pH值增殖单位以下，无霉变、结块等现象。

饲料用大豆的质量评价通常以不完善粒和粗蛋白为标准，要求色泽、气味正常，杂质含量不大于1.0%，生霉粒不大于2.0%，水分不大于13%，表4-11是饲料用大豆等级质量指标。饲料用膨化大豆要求为黄色或浅黄色粉状物，色泽一致，具有豆香味，无发酵、霉变、结块、虫蛀及异味异臭，产品中不得有整粒的膨化大豆。饲料用膨化大豆的技术指标和质量分级见表4-12。

表4-11　饲料用大豆等级质量指标（GB/T 20411—2006）

等级	不完善粒（%）		粗蛋白（%）
	合计	其中：热损伤粒	
1	≤5	≤0.5	≥36
2	≤15	≤1.0	≥35
3	≤30	≤3.0	≥34

表4-12　饲料用膨化大豆的技术指标和质量分级（DB43/T 887）—2014）

项目	一级	二级
粗蛋白（%）	≥35	≥34
粗脂肪（%）	≥18	≥16
水分（%）	≤12.0	
粗灰分（%）	≤5.5	
粗纤维（%）	≤5.5	
氢氧化钾蛋白质溶解度（%）	70.0～85.0	
脂肪酸值（KOH）（mg/100g）	≤85.0	

2. 豌豆

豌豆别名回回豆、荷兰豆、麦豆，又称蜜糖豆、蜜豆、青豆，其营养价值较高，粗蛋白含量为15.5%～39.7%，赖氨酸的含量较高，但含硫氨基酸和色氨酸不足，同时豌豆的消化能值较高，铜、铬等矿质微量元素较多。生豌豆也含有胰蛋白酶抑制因子、植物凝集素、胃胀气因子等抗营养因子，因此不宜生喂。我国豌豆种植面积和总产量分别占全世界的15.2%和13.8%，位居世界第二，可广泛的用于反刍动物饲料中，具有良好的利用前景。

豌豆可按种皮颜色分为白色豌豆、绿色豌豆和紫色豌豆，依据千粒重又可进一步分为大粒（大于250g）、中粒（在150～250g）和小粒（小于150g），共计9种类型，不属于上述类型则称为混合豌豆。豌豆的质量等级评价主要依据粗蛋白、粗纤维、粗灰分进行，表4-13为饲料用豌豆的质量指标。

表4-13　饲料用豌豆质量指标（NY/T 136—1989）

质量指标 \ 等级	一级	二级	三级
粗蛋白（%）	≥24.0	≥22.0	≥20.0
粗纤维（%）	<7.0	<7.5	<8.0
粗灰分（%）	<3.5	<3.5	<4.0

3. 油菜籽

油菜籽也称为芸薹子，是十字花科作物油菜的种子，油菜籽中粗脂肪含量达35%～50%，粗蛋白含量也达到了20%～30%，且赖氨酸、含硫氨基酸、磷脂、油酸、亚油酸等含量丰富，将其进行饲料化利用可以缓解我国高蛋白高能量饲料原料短缺的压力。

湖北省农业科学院畜牧兽医研究所在油菜籽所有主产区采集油菜籽样品，从中筛选出多份具有代表性的样品，检测分析油菜籽的全套营养指标和抗营养因子指标，结果发现油菜籽营养价值较高，其油脂、粗蛋白含量总和达到65%以上，远远高于大豆的含量（55%左右），是较好的能量蛋白质饲料资源，表4-14为几个品种油菜籽的常规营养成分含量。利用油菜籽配制山羊全混合颗粒饲料，油菜籽添加量为7.5%的日粮组波尔山羊平均日增重达到了150g以上，屠宰率显著的提高到了50%以上，在45d的试验期和对照组相比经济效益提高了100元/只以上。但是油菜籽中含有硫苷、芥酸、单宁和植酸等抗营养因子，在选用时应注意选用双低（硫苷含量35.0μmol/g以下、芥酸含量3.0%以下）油菜籽。

表4-14　油菜籽常规营养成分含量（%）

品种	水分	粗蛋白	粗脂肪	灰分	中性洗涤纤维	酸性洗涤纤维	钙	磷
华油杂62号	7.5	22.4	35.7	3.7	12.6	9.2	0.44	0.51
华油杂13号	3.9	22.5	33.1	5.3	24.2	23.0	0.81	0.56
华油杂12号	8.0	21.5	42.9	4.1	12.2	13.1	0.90	0.98
华双5号	11.8	19.1	35.0	3.5	24.3	17.9	0.46	0.45
禾盛油868	8.1	19.6	41.0	3.8	37.6	10.2	0.52	0.51
广源58	9.6	21.0	36.6	4.0	23.9	14.8	0.49	0.62
中双12	3.5	22.7	41.5	3.7	13.6	11.9	0.37	0.49
中油杂12	7.7	19.4	43.5	3.8	33.9	8.2	1.10	1.06
希望528	4.9	18.2	45.0	4.0	21.3	14.0	0.87	0.79
禾盛油555	5.1	18.1	42.8	3.9	16.6	18.3	0.47	0.56

（续表）

品种	水分	粗蛋白	粗脂肪	灰分	中性洗涤纤维	酸性洗涤纤维	钙	磷
两优586	4.3	20.3	45.3	3.6	21.8	16.8	0.37	0.46
德油6号	5.5	23.5	38.4	4.9	24.3	12.7	0.46	0.60
德核杂8号	2.5	22.6	40.9	4.2	22.0	22.8	0.86	1.21

注：数据来源于湖北省农业科学院畜牧兽医研究所

（二）饼粕类蛋白质饲料原料

饼粕类蛋白质饲料主要是指富含脂肪的豆类籽实和油料籽实提取油后的副产品，包括大豆、棉籽、油菜籽、花生、向日葵、芝麻、胡麻、蓖麻等。饼粕类蛋白质饲料中蛋白质含量丰富，可达20%～50%，蛋白质以清蛋白和球蛋白为主。由于制油工艺不同，通常将压榨法取油后的副产品称为饼，将浸出法取油后的副产品称为粕。

1. 大豆饼粕

大豆饼粕是以大豆为原料取油后的产物经过适当加热处理、干燥后而得到的副产物，是畜禽饲料中使用最为广泛的蛋白质类饲料原料。大豆饼粕的粗蛋白含量高，一般在40%～50%，且必需氨基酸组成合理，尤其是赖氨酸含量较高，是所有饼粕类饲料中最高的。除了赖氨酸外，大豆饼粕中色氨酸和苏氨酸含量也较高，和玉米组合可以弥补玉米的缺点。但是大豆饼粕中蛋氨酸含量不足，在玉米—豆粕型日粮中，一般要额外添加蛋氨酸才能满足畜禽营养需求。大豆饼粕中粗纤维含量较低，无氮浸出物主要是蔗糖、棉籽糖、水苏糖和多糖类，淀粉含量低。矿物质中钙少磷多，磷多为植酸磷（约61%），硒含量低。胡萝卜素、核黄素和硫胺素含量少，烟酸和泛酸含量较多，胆碱含量丰富，维生素E在脂肪残量高和储存不久的饼粕中含量较高。

由于大豆饼粕中含有抗营养因子大豆胰蛋白酶抑制因子、血细胞凝集素、皂角苷等，这些抗营养因子中胰蛋白酶抑制因子和血细胞凝集素是热敏性物质，适当的加热可以降低其含量，但是皂角甙是非热敏性物质，高温也无法消除其毒性作用。加之豆粕适口性较好，大量饲喂可能造成畜禽采食量较大而降低生产性能。一般情况下，羔羊日粮豆粕添加量最好不要超过20%，而其他生产阶段山羊使用经过适当加工的大豆饼粕用量无限制。

大豆粕呈浅黄色或淡棕色或红褐色的不规则碎片状或粗颗粒状或粗粉状，采购豆粕应选择色泽新鲜一致、颜色不过浅也不过深，没有发霉结块现象，脲酶活性在0.3pH值增殖单位以下。如果有条件可以测定其蛋白质溶解度以判断豆粕的生熟度，如果蛋白质溶解度低于75%，说明豆粕过熟，如果高于90%说明豆粕过生。饲料用大豆饼质量等级指标见表4-15，饲料原料大豆粕主要依据粗蛋白和粗纤维划分为4个等级，质量等级指标见表4-16。

表4-15　饲料用大豆饼质量等级指标（NY/T 130—1989）

质量指标 \ 等级	一级	二级	三级
粗蛋白（%）	≥41.0	≥39.0	≥37.0
粗脂肪（%）	<8.0	<8.0	<8.0
粗纤维（%）	<5.0	<6.0	<7.0
粗灰分（%）	<6.0	<7.0	<8.0

表4-16　饲料原料豆粕质量等级指标（GB/T 19541—2017）

项目	等级			
	特级品	一级品	二级品	三级品
粗蛋白（%）	≥48.0	≥46.0	≥43.0	≥41.0
粗纤维（%）	≤5.0	≤7.0	≤7.0	≤7.0
赖氨酸（%）	≥2.50		≥2.30	
水分（%）	≤12.5			
粗灰分（%）	≤7.0			
尿素酶活性（U/g）	≤0.30			
氢氧化钾蛋白质溶解度[a]（%）	≥73.0			

注：[a]大豆饼浸提取油后获得的饲料原料豆粕，该指标由供需双方约定

2. 菜籽饼粕

菜籽饼和菜籽粕是油菜籽榨油后的副产品。目前油菜籽的常见榨油工艺有动力旋转压榨和预压浸出工艺两种，前者的副产物是菜籽饼，后者的副产物是菜籽粕。菜籽饼粕是一种良好的蛋白质饲料，粗蛋白含量在34%～38%，其氨基酸组成平衡，含硫氨基酸较多，精氨酸含量低，但是精氨酸与赖氨酸的比例适宜，是一种氨基酸平衡良好的饲料。此外，菜籽饼粕中粗纤维含量较高，达到12%～13%，碳水化合物多为不宜消化的淀粉，且含有一定量的戊聚糖。菜籽饼粕的矿物质中钙、磷含量均较高，但大部分为植酸磷，富含铁、锰、锌、硒，尤其是硒含量远高于大豆饼粕。菜籽饼粕所含维生素中胆碱、叶酸、烟酸、核黄素、硫胺素均比豆饼高。但是，菜籽饼粕含有硫葡萄糖苷、芥子碱、植酸、单宁等抗营养因子，芥子碱与胆碱呈结合状态，不易被肠道吸收，影响其适口性。

现在市面上绝大部分为菜粕，根据品种不同，菜粕的营养成分不同，目前大致分为两类，一类为普通菜粕，另一类为双低菜粕。根据压榨机不同菜籽粕又分为95型菜籽粕和200型菜籽粕。95型菜籽粕又称油枯，多为小榨油坊直接经过压榨而生产的，其加工简单，没有进行任何其他的处理，生产过程温度高，营养损失大，中性洗涤纤

维含量高；200型菜籽粕是经过浸提或预压浸提而生产的，更新型生产设备可以做到低温压榨，生产的菜籽粕中性洗涤纤维含量相对较低，营养价值较高。另外，市场上还有大型榨油厂收购小榨油坊生产的菜籽饼后和本场压榨的菜籽饼同时浸提，生产出的菜籽粕为混合菜粕，其营养品质介于95型菜籽粕和200型菜籽粕之间。

菜籽饼呈褐色，小瓦片状、片状或饼状；菜籽粕为黄色或浅褐色、碎片或粗粉状；新鲜色泽一致，无掺杂物，具有菜籽油的香味；无发酵、霉变、结块及异臭；菜籽饼与菜籽粕的水分含量均不得超过12.0%。表4-17和表4-18分别为饲料用菜籽饼和菜籽粕的质量等级指标。

表4-17　饲料用菜籽饼的质量等级指标（NY/T 125—1989）

质量指标＼等级	一级	二级	三级
粗蛋白（%）	≥37.0	≥34.0	≥30.0
粗纤维（%）	<14.0	<14.0	<14.0
粗灰分（%）	<12.0	<12.0	<12.0
粗脂肪（%）	<10.0	<10.0	<10.0

表4-18　饲料原料菜籽粕质量等级指标（GB/T 23736—2009）

项目	特级品	一级品	二级品	三级品
粗蛋白（%）	≥41.0	≥39.0	≥37.0	≥35.0
粗纤维（%）	≤10.0		≤12.0	≤14.0
赖氨酸（%）		≥1.7		≥1.3
粗灰分（%）		≤8.0		≤9.0
粗脂肪（%）		≤3.0		

3. 棉籽饼粕

棉籽饼粕是棉籽经脱壳取油后的副产品，因脱壳程度不同，通常又将去壳的叫做棉仁饼粕。棉籽饼粕粗蛋白含量较高，达34%以上，而棉仁饼粕粗蛋白可达41%～44%，其所含必需氨基酸中精氨酸含量较高，但赖氨酸和蛋氨酸含量较低，氨基酸平衡不如大豆饼粕。棉籽饼粕中粗纤维含量主要取决于制油过程中棉籽脱壳程度，通常国产棉籽饼粕中粗纤维含量较高，达到13%以上。矿物质中钙少磷多，主要为植酸磷，硒的含量少。维生素B_1含量较多，但维生素A、维生素D不足。

棉籽饼粕中的抗营养因子主要为棉酚、环丙烯脂肪酸、单宁和植酸。这些抗营养因子可以影响山羊对蛋白质和矿物质的利用以及种羊的繁殖性能，因此，棉籽饼粕使用时应当经过脱毒处理。育肥山羊对棉籽饼粕的耐受性较好，但大量使用时需要注意补充胡萝卜素和钙，并与优质粗饲料搭配使用。

棉籽饼粕为小片状或饼状，色泽呈新鲜一致的黄褐色。正常的棉籽饼粕应当无发酵、霉变、虫蛀及异味异臭；水分含量不得超过12.0%。根据棉粕干物质中粗蛋白、粗纤维、粗灰分和粗脂肪含量的不同可将饲用棉籽饼分为3个等级，将棉籽粕分为5个等级，其质量等级指标分别见表4-19和表4-20。

表4-19　饲料用棉籽饼的质量等级指标（NY/T 129—1989）

质量指标 \ 等级	一级	二级	三级
粗蛋白（%）	≥40.0	≥36.0	≥32.0
粗纤维（%）	<10.0	<12.0	<14.0
粗灰分（%）	<6.0	<7.0	<8.0

表4-20　饲料用棉籽粕质量等级指标（GB/T 21264—2007）

指标项目	等级				
	一级	二级	三级	四级	五级
粗蛋白（%）	≥50.0	≥47.0	≥44.0	≥41.0	≥38.0
粗纤维（%）	≤9.0	≤12.0	≤14.0		≤16.0
粗灰分（%）	≤8.0			≤9.0	
粗脂肪（%）	≤2.0				
水分（%）	≤12.0				

4. 花生粕

花生粕是花生榨油后的副产品，适口性非常好。花生粕蛋白质含量较高，高的可以达到55%以上，但是氨基酸组成不合理，赖氨酸和蛋氨酸含量均很低，仅仅为豆粕的50%左右，但是花生粕中精氨酸含量较高，可以达到5%以上，是所有动植物性饲料中最高的。在山羊全混合颗粒饲料中使用花生粕替代部分豆粕可以降低饲料成本。

因为花生容易感染黄曲霉产生黄曲霉毒素，采购花生粕时一定要注意色泽，优质的花生粕呈新鲜一致的黄褐色或浅褐色，无发酵、霉变、虫蛀、结块及异味异臭。同时，还应注意黄曲霉毒素的含量，严格控制水分含量。另外，也应注意是否掺入花生壳。饲料用花生粕以粗蛋白、粗纤维、粗灰分为质量控制指标，按含量分为3个质量等级，见表4-21。

表4-21　饲料用花生粕的质量等级指标（GB 10382—1989）

质量指标 \ 等级	一级	二级	三级
粗蛋白（％）	≥51.0	≥42.0	≥37.0
粗纤维（％）	<7.0	<9.0	<11.0
粗灰分（％）	<6.0	<7.0	<8.0

5. 玉米蛋白粉

玉米蛋白粉是玉米提取淀粉后的副产品，根据产品加工精度不同，粗蛋白含量也有差异，一般在40％～65％。正常玉米蛋白粉的颜色为金黄色，粗蛋白含量越高，颜色越鲜艳。玉米蛋白粉的蛋氨酸含量较高，几乎与鱼粉相当，但是赖氨酸和色氨酸严重不足。玉米蛋白粉中含有大量的叶黄素和类胡萝卜素，是很好的着色剂。由于玉米蛋白粉是玉米加工的副产品，在加工的过程中玉米自身所含的黄曲霉毒素等霉菌毒素的含量被提高了将近3倍，所以建议只在生长育肥羊日粮中使用，使用量最好不要超过5％。

采购玉米蛋白粉时应选择新鲜、无发霉、无结块，颜色鲜艳的产品，颜色较淡的玉米蛋白粉可能还有较多的玉米胚芽粕，或者是储存时间过长。最好不要采购颜色偏黑的玉米蛋白粉，这样的产品可能是干燥过程中加热过度造成的。另外一定要注意霉菌毒素（包括黄曲霉毒素、玉米赤霉烯酮、呕吐毒素、T-2毒素等）的含量。饲料用玉米蛋白粉质量指标及分级见表4-22。

表4-22　饲料用玉米蛋白粉质量指标及分级（NY/T 685—2003）

项目		指标		
		一级	二级	三级
水分	≤	12.0	12.0	12.0
粗蛋白（干基）	≥	60.0	55.0	50.0
粗脂肪（干基）	≤	5.0	8.0	10.0
粗纤维（干基）	≤	3.0	4.0	5.0
粗灰分（干基）	≤	2.0	3.0	4.0

注：一级饲料用玉米蛋白粉为优等质量标准，二级饲料用玉米蛋白粉为中等质量标准，低于三级者为等外品

（三）糟渣类蛋白质饲料原料

1. 玉米DDGS

DDGS为酒精糟及残液干燥物、玉米干酒糟及干燥含残液烧酒糟等，它是谷物（玉米、高粱、小麦、大麦、黑麦、木薯等）生产酒精的过程中剩余的发酵残留物经蒸馏、蒸发和低温干燥后得到的高蛋白质饲料原料。不同原料生产的DDGS营养成分差异比较大，粗蛋白含量从20%~30%不等，粗脂肪含量9%左右，由于脂肪较高，因此，DDGS也是一种较好的能量饲料原料。DDGS色泽差异比较大，从淡黄色到深黄色、褐色、暗褐色甚至黑色产品都有，一般情况下颜色越淡，赖氨酸的含量越高。但是颜色和其他营养成分无关，颜色较深的可能是使用小麦和木薯发酵生产的DDGS。

玉米DDGS以玉米为原料，在利用酵母菌发酵制取乙醇过程中，玉米中的淀粉被转化成乙醇和二氧化碳，其他营养成分如蛋白质、脂肪、纤维等均留在酒糟中。同时由于微生物的作用，酒糟中粗蛋白、B族维生素及氨基酸含量均比玉米有所增加，并含有发酵中产生的未知促生长因子。目前市场上最常见的DDGS仍是玉米DDGS，主要有两种：一种为玉米干酒糟（DDG），是将玉米酒精糟过滤后，滤清液排除，只对滤渣单独干燥而获得的饲料；另一种为玉米干全酒糟（DDGS），是将酒糟和剩余的残液中至少3/4以上的可溶固形物浓缩干燥后所得的产品。DDGS的蛋白质含量一般在26%~30%，具有芳香气味，可以直接饲喂山羊。有研究表明，玉米DDGS是较好的过瘤胃蛋白质饲料，且过瘤胃蛋白质中氨基酸的比例平衡较好，可以改善瘤胃内环境和瘤胃发酵状况。

玉米DDGS应当呈浅黄色和黄褐色，粉状或颗粒状，无发霉、结块，具有发酵气味，无异味。同时，DDGS中不得掺入除玉米外的谷物或杂质。由于是玉米加工的副产物，玉米本身易产生霉菌毒素，经发酵浓缩后霉菌毒素含量可能会更高。饲料用玉米全干酒糟中黄曲霉毒素B_1的含量应不大于50μg/kg，玉米赤霉烯酮含量不大于500μg/kg，T-2毒素含量不大于100μg/kg，赭曲霉毒素A含量不大于100μg/kg，霉菌总数不大于10^4CFU/g。采购DDGS应采购颜色较淡、无发霉、无结块、霉菌毒素含量低的产品，使用时应根据霉菌毒素的含量来调整其在全混合颗粒饲料中的添加量。饲料用玉米DDGS的技术指标及质量分级见表4-23。

表4-23 饲料用玉米DDGS技术指标及质量分级（GB/T 25866—2010）

项目	高脂型DDGS		低脂型DDGS	
	一级	二级	一级	二级
色泽	浅黄色	黄褐色	浅黄色	黄褐色

（续表）

项目	高脂型DDGS		低脂型DDGS	
	一级	二级	一级	二级
粗蛋白（%）	≥28	≥24	≥30	≥26
粗脂肪（%）	≥7		≥2	
磷（%）	≤0.60			
粗纤维（%）	≤12			
中性洗涤纤维（%）	≤50			
粗灰分（%）	≤7			

2. 酒糟

酒糟根据酿酒产品及原料不同分为白酒糟和啤酒糟。白酒糟是以高粱、小麦、玉米、谷物等为原料经过发酵、蒸馏提取酒精后的残留物，白酒糟中除残存原料中的绝大部分蛋白质、脂肪、钙和磷等营养成分外，还含有丰富的发酵产物，如酵母和活性因子等。由于生产工艺、使用的原料不同，白酒糟的营养价值不尽相同，其粗蛋白含量在28%～40%不等，中性洗涤纤维和酸性洗涤纤维含量较适中，是山羊较好的饲料原料。有研究表明，白酒糟在山羊日粮中添加量达到30%以内时对山羊的生产性能及各营养物质的表观消化率均没有不利的影响。

啤酒糟是酿造啤酒时大麦发酵后产生的工业副产品，富含矿物质、维生素、氨基酸和粗蛋白，和玉米DDGS一样，啤酒糟的粗蛋白多为过瘤胃蛋白质，利用潜力较大。

白酒糟和啤酒糟不能单独饲喂山羊，尤其是对能量和蛋白质的需求较高的怀孕母羊，必须和玉米粉、麸皮、豆粕等精饲料混合后进行饲喂。由于酒糟中水分含量比较高，不容易保存，气温比较高的时候长时间保存容易出现发霉、变酸等现象。鲜酒糟饲喂量过大易引起山羊酸中毒，制作全混合颗粒饲料时可以直接采购烘干后的白酒糟和啤酒糟，在山羊各阶段的日粮中均可以较大量添加，但是需要注意对维生素A和维生素D的补充。目前，尚没有关于白酒糟和啤酒糟的国家标准或地方标准。

（四）新型蛋白质饲料资源

1. 单细胞蛋白质饲料

单细胞蛋白质饲料主要是指通过发酵方法生产的酵母菌、细菌、霉菌及藻类细胞生物体等。单细胞蛋白质饲料营养丰富、粗蛋白含量较高，且含有18～20种氨基酸，组分齐全，富含多种维生素。除此之外，单细胞蛋白质饲料的生产具有繁育速度快、生产效率高、占地面积小、不受气候影响等优点。因此，在当今世界蛋白质资源严重不足的情况下，发展单细胞蛋白饲料的生产越来越受到各国的重视。

　　单细胞蛋白质饲料由于原料及生产工艺不同，种类较多，常见的有酵母菌类单细胞蛋白质饲料和单细胞藻类蛋白质饲料，其中酵母菌类单细胞蛋白质饲料利用最多。酵母菌类单细胞蛋白质饲料按照酵母培养基的不同，酵母菌类单细胞蛋白质饲料常分为石油酵母、工业废液（渣）酵母（包括啤酒酵母、酒精废液酵母、味精废液酵母等）。

　　单细胞蛋白质饲料的营养特性：第一，单细胞蛋白质饲料原料含有丰富的酶，各种营养成分也比较均衡。第二，含有丰富的B族维生素、氨基酸和矿物质，粗纤维含量较低。第三，单细胞蛋白质饲料有独特的风味，适口性好，可以提高动物的采食量。但是，单细胞蛋白质饲料仍存在着赖氨酸含量高、蛋氨酸含量较低、非蛋白氮含量较高、核酸含量高易引发痛风症等问题，在使用时应注意其添加量。

　　2. 酵母水解物

　　酵母水解物是酵母细胞通过自溶或外加酶水解得到的水解产物。酵母水解物中含有大量的氨基酸、小肽、丰富的B族维生素、谷胱甘肽及核苷酸类物质，可以作为氨基酸、多肽及B族维生素的补充剂。而且酵母水解物中的核苷酸物质对动物尤其是幼年动物具有重要的营养作用，可以增强幼龄动物机体免疫力，促进细胞再生与修复，促进幼年动物肠道正常发育、抗氧化及维持肠道正常菌群的作用。另外，酵母水解物中的肌苷酸和鸟苷酸可作为增鲜呈味剂，在促进动物采食方面具有较好的应用前景。表4-24为几种酵母水解物的部分营养成分含量（未发表资料）。

表4-24　几种酵母水解物的部分营养成分含量（%）

项目	酵母水解物1	酵母水解物2	酵母水解物3
干物质	93.75	94.55	95.10
粗灰分	6.79	9.00	8.90
钙	0.11	0.09	0.09
粗脂肪	0.16	1.35	1.14
总磷	1.11	1.75	1.72
粗蛋白	54.30	41.2	47.79
赖氨酸	3.31	2.53	3.32
蛋氨酸	0.70	0.50	0.70
苏氨酸	2.34	2.07	2.37

（五）非蛋白氮饲料

非蛋白氮饲料主要是指蛋白质之外的其他含氮物，如尿素、磷酸脲、缩二脲和异丁基二脲等。非蛋白氮的粗蛋白含量非常高，如尿素的粗蛋白含量达280%，为豆粕粗蛋白含量的7倍。山羊瘤胃微生物可以将非蛋白氮饲料中的氮源转化为菌体蛋白，所以非蛋白氮饲料可以替代部分饲料蛋白质饲喂成年山羊。

1. 常见的非蛋白氮饲料

（1）尿素。尿素是使用年代最久、范围最广、用量最大的一种非蛋白氮饲料。尿素含碳、氢、氧、氮等元素，其中氮元素的含量达46%左右，折合成粗蛋白含量高达280%。尿素为白色晶体或颗粒状，无臭、味微咸苦，易溶于水，吸湿性强。尿素在全混合颗粒饲料中的添加量一般为1%，为日粮中提供粗蛋白的含量不能超过山羊对蛋白质需要量的1/3。

（2）磷酸脲。磷酸脲，又名牛羊乐，是尿素和磷酸在一定条件下经化学反应得到的化合物，其主要作用是提供氮、磷，并促进氮、磷和钙的吸收。磷酸脲含氮17.7%，折合成粗蛋白含量达110%，同时还含磷19.6%。磷酸脲为白色晶体粉末，易溶于水和乙醇，不溶于乙醚和甲苯，在潮湿的空气中存放时易吸水，其水溶液呈酸性，受热易分解。

（3）缩二脲。缩二脲为白色长片形结晶，无味，有吸湿性，在193℃时才会分解，因此，其化学结构比尿素稳定。试验证明，缩二脲在山羊瘤胃中的释氨速度有利于微生物利用，从而提高了氮的利用率和使用上的安全性。在山羊全混合颗粒饲料中缩二脲可代替总蛋白含量的30%。

（4）异丁基二脲。异丁基二脲为尿素与异丁醛在特定条件下化学合成的产品。饲料级异丁基二脲要求纯度93%以上，含氮量大于31%，折合粗蛋白含量达194%。异丁基二脲为白色针状结晶，在水中的溶解度很小，在瘤胃中酶解缓慢，安全性好，利用率高，食入瘤胃后，在释放尿素的同时转化为异丁酸，为微生物提供生长的原料。

2. 非蛋白氮饲料使用注意事项

由于尿素等非蛋白氮饲料中氨释放的速度较快，使用不正确易引起山羊氨中毒，因此不能盲目使用，需要注意以下几方面。

（1）非蛋白氮饲料只能用于瘤胃发育成熟的山羊，否则会出现氨中毒，甚至引起幼龄羔羊死亡。

（2）非蛋白氮的添加量应低于总氮量的1/3，或在山羊全混合颗粒饲料中添加量不高于1%。

（3）当全混合颗粒饲料中粗蛋白水平高于13%时，添加非蛋白氮饲料无效。

（4）非蛋白氮饲料不可以与具有高脲酶活性的饲料原料同时使用，如与生豆饼、生大豆等饲料原料同时饲喂，会加快氨的释放，降低非蛋白氮饲料的利用效率，甚至导致山羊氨中毒。

（5）不可以单独饲喂非蛋白氮饲料或者通过饮水饲喂，否则会引起氨中毒。

（6）饲喂非蛋白氮饲料时，要注意其余养分平衡供给问题。要同时提供可以快速降解的淀粉，以供给碳源，一般每100g非蛋白氮需加入1 000g淀粉；还要保持矿物质、维生素等处于适宜水平，使瘤胃微生物保持代谢旺盛，其中氮、硫的比例应该在10∶1左右。

三、矿物质饲料

矿物质饲料是天然生成的矿物质、工业合成的单一化合物以及混有载体的多种矿物质化合物配成的矿物质添加剂预混料，用来补充饲料中矿物质不足的饲料。天然饲料中都含有矿物元素，但存在成分不全、含量失衡等问题，如豆科和禾本科牧草中钙多磷少，籽实类及其加工副产品中磷多钙少，而根茎类饲料钙、磷均不足。因此，在舍饲以及放牧中的繁殖母羊、种公羊和处于生长发育阶段的羔羊都应当适当补充一些矿物质。

（一）钙源和钙磷源饲料

1. 石粉

石粉，即石灰石粉，天然碳酸钙，其钙含量约为38%，是补充钙质最廉价的钙源饲料。其他较纯的商品碳酸钙、白垩土和旧石灰也有与石粉相同的作用。石粉呈淡灰色、灰白色的均匀颗粒状或粉状，色泽均匀一致，无沙粒感、无结块及异味、异臭，要求孔径为0.84mm分子筛全部通过，孔径为0.52mm分析筛筛上物≤5%。饲料级石粉中总砷的含量应不大于2mg/kg，铅的含量应不大于15mg/kg，汞的含量应不大于100μg/kg，镉的含量应不大于0.75mg/kg，氟的含量应不大于400mg/kg。表4-25为饲料级石粉的质量参考指标。

表4-25　饲料级石粉质量指标（DB43/T 699—2012）

项目	质量指标
水分（%）	≤1.0
碳酸钙（$CaCO_3$）（%）	≥95
钙（Ca）（%）	≥38.0
盐酸不溶物（%）	≤0.2

2.磷酸氢钙

磷酸氢钙，白色单斜晶系结晶性粉末，无臭无味。通常以二水合物（其化学式为$CaHPO_4·2H_2O$）的形式存在，在空气中稳定，加热至75℃开始失去结晶水成为无水物，高温则变为焦磷酸盐。易溶于稀盐酸、稀硝酸、醋酸，微溶于水（100℃，0.025%），不溶于乙醇。由于其中的磷、钙比与动物骨骼中磷、钙比最为接近，并且能够全部溶于动物胃酸中，饲料级磷酸氢钙是目前国内外公认的最好的补充钙、磷的饲料矿物添加剂之一。

饲用磷酸氢钙呈白色或略带微黄色粉末或颗粒，微溶于水，可溶于酸。磷酸氢钙又称沉淀磷酸钙，一般是通过盐酸萃取磷矿或脱胶骨块再用石灰乳中和，使其生成磷酸氢钙沉淀后，经洗涤脱水、脱氟干燥而成。因此，磷酸氢钙中应当严格控制氟的含量。饲用磷酸氢钙依照生产工艺的不同可以分成Ⅰ型、Ⅱ型和Ⅲ型，其技术标准见表4-26。

表4-26　饲用磷酸氢钙技术标准（GB 22549—2017）

项目	指标		
	Ⅰ型	Ⅱ型	Ⅲ型
总磷（P）（ω/%）	≥16.5	≥19.0	≥21.0
枸溶性磷（P）（ω/%）	≥14.0	≥16.0	≥18.0
水溶性磷（ω/%）	—	≥8.0	≥10.0
钙（Ca）（ω/%）	≥20.0	≥15.0	≥14.0
氟（F）（mg/kg）		≤1 800	
砷（As）（mg/kg）		≤20	
铅（Pb）（mg/kg）		≤30	
镉（Cd）（mg/kg）		≤10	
铬（Cr）（mg/kg）		≤30	
游离水分（ω/%）		≤4.0	

（二）电解质补充饲料

电解质补充饲料主要指饲料本身能够提供稳定存在的阴阳离子，以维持畜禽体内电解质平衡，维持体液渗透压和酸碱平衡，具有刺激唾液分泌等功效。电解质补充饲料主要是钠盐，包括饲用氯化钠、碳酸氢钠等。

1.饲用氯化钠

饲用氯化钠，主要成分为食盐，即氯化钠。一般食盐，NaCl含量应在99%以上，若属精制食盐应在99.5％以上，其中含氯60.3％，钠39.7％，同时含有少量钙、镁、硫。Na和Cl是动物饲料中较缺的两个元素，特别是对于大量采食秸秆或低质粗饲料的舍饲山羊，补充饲用氯化钠是必需的。山羊补充饲用氯化钠，一方面补充矿物质微量元素的不足，维持体液渗透压和酸碱平衡，改善健康状况；另一方面能够提高饲料适口性，增强动物食欲，提高羊的生产性能，从而提高生产效益。

饲用氯化钠为白色、无可见外来异物，味咸，无苦涩味、无异味，其理化指标及卫生指标应符合表4-27的规定。

表4-27 饲料添加剂氯化钠的理化指标及卫生指标（GB/T 23880—2009）

项目	指标
理化指标	
氯化钠（以NaCl计）（％）	≥95.50
水分（％）	≤3.20
水不溶物（％）	≤0.20
白度（度）	≥45
粒度（通过0.71mm试验筛）（％）	≥85
卫生指标	
总砷（以As计）（mg/kg）	≤0.5
铅（以Pb计）（mg/kg）	≤2.0
总汞（以Hg计）（mg/kg）	≤0.1
氟（以F计）（mg/kg）	≤2.5
钡（以Ba计）（mg/kg）	≤15
镉（以Cd计）（mg/kg）	≤0.5
亚铁氰化钾{以[Fe（CN）$_6$]$^{4+}$计}（mg/kg）	≤10
亚硝酸盐（mg/kg）	≤2

2. 碳酸氢钠

碳酸氢钠，又称为小苏打，化学式为$NaHCO_3$，在水中的溶解度小于碳酸钠。固体50℃以上开始逐渐分解生成碳酸钠、二氧化碳和水，270℃时完全分解。碳酸氢钠是强碱与弱酸中和后生成的酸式盐，溶于水时呈现弱碱性。常利用此特性作为食品制作过程中的膨化剂。碳酸氢钠可以调节山羊瘤胃的酸碱度，使内环境保持相对稳定，提高机体抵抗力及免疫力。同时碳酸氢钠能中和胃酸，溶解黏液，降低消化液的黏度，并促进胃肠收缩，有健胃、抑酸和增进食欲的作用，从而提高山羊对饲料的消化力，加速营养物质的利用。此外，碳酸氢钠还是血液和组织中的主要缓冲物质，可以提高血液pH值及碱储备，有助于畜禽内分泌系统抵抗应激反应。饲料级碳酸氢钠为白色结晶粉末，无味，略具潮解性，具体要求见表4-28。

表4-28　饲料级碳酸氢钠质量要求（HG/T 3972—2007）

指标项目	指标
总碱量（以NaHCO$_3$计）（质量分数）（%）	≥99.0
干燥减量（质量分数）（%）	≤0.20
pH值（10g/L水溶液）	≤8.6
砷（As）（质量分数）（%）	≤0.000 1
重金属（以Pb计）（质量分数）（%）	≤0.000 5
澄清度	通过试验
镉（Cd）（质量分数）（%）	≤0.000 2

（三）镁与硫源饲料

镁和硫元素是动物生命活动所必需的矿物质元素之一。体内的镁离子多数存在于骨骼和软组织细胞中，对体内多种酶都具有激活作用。镁缺乏时，易引起神经传递和肌肉收缩的增加，导致动物暴躁易怒。早春牧草中镁的利用率很低，易出现"草痉挛"，而放牧山羊及玉米为主并补加非蛋白氮的舍饲山羊，都需补充镁源饲料。

硫不能在动物体内储存，必须由日粮供给，其主要的来源形式为硫酸盐和含硫氨基酸。在反刍动物日粮中添加适量的硫，可改善氨基酸平衡，提高反刍动物生产性能。

常用的镁源饲料主要是氧化镁，为菱镁矿800～1 000℃煅烧产物，此外硫酸镁、碳酸镁和磷酸镁等也可作为镁源饲料。反刍动物补充硫可以使用蛋氨酸、胱氨酸、硫酸钠、硫酸钾、硫酸钙、硫酸镁等，其中反刍动物对蛋氨酸中硫的利用率最高，优于硫酸盐和元素硫。

1. 氧化镁

氧化镁（化学式：MgO）是镁的氧化物，俗称苦土，也称镁氧，是碱性氧化物，具有碱性氧化物的通性。饲料级氧化镁为白色粉末（淡黄色为氮化镁），无臭、无味、无毒，是典型的碱土金属氧化物。在山羊全混合颗粒饲料中添加0.1%～0.5%，不但可补充日粮中镁的不足，防止镁缺乏症的发生，而且是一种优良的瘤胃缓冲剂，调节瘤胃液酸碱度，并能增加乳腺对乳汁合成前体物的吸收。目前我国尚没有饲料级氧化镁的相关标准。

2. 硫酸镁

饲料级硫酸镁是一种白色细小的斜状或斜柱状结晶，无臭、味苦的含镁化合物，通常具有一水和七水两种水合物，可作为山羊全混合颗粒饲料中镁的补充剂。但是，在肠道中解离出硫酸根，形成高渗溶液，减少肠道对水分的吸收，从而达到轻泄，防治便秘的作用。同时，硫酸镁不具有氧化镁样的瘤胃缓冲剂的作用，不能作为瘤胃缓冲剂使用。

饲料用硫酸镁主要通过硫酸化学合成法和盐湖苦卤法制得，其质量标准如表4-29所示。

表4-29　饲料用硫酸镁质量标准（GB/T 21695—2008）

项目	指标	
	一水硫酸镁	七水硫酸镁
硫酸镁（$MgSO_4$）（%）	≥94.0	≥99.0
镁（Mg）（%）	≥16.5	>9.7
总砷/（mg/kg）	≤2	
铅（Pb）（mg/kg）	≤2	
汞（Hg）（mg/kg）	≤0.2	
氯化物（以Cl计）（%）	硫酸化学合成法：≤0.1 盐湖苦卤法：≤1.5	硫酸化学合成法：≤0.1 盐湖苦卤法：≤1.0
澄清度试验	澄清	

3. 硫补充饲料

硫在动物机体中主要通过含硫的有机营养物质的代谢物起作用。日粮中的无机硫和含硫氨基酸释放的硫，可用于软骨素基质、牛磺酸、肝素、胱氨酸、多种含硫激素等的合成。硫作为生物素的主要成分在脂类代谢中起重要作用；作为硫胺素的主要成分参与体内碳水化合物代谢过程；作为辅酶A的主要成分参与能量代谢。日粮中添加硫对山羊利用饲料中的营养物质，特别是对粗纤维的消化以及氮的利用和沉积有良好的作用。

各种蛋白质饲料和含硫酸盐饲料添加剂均是山羊硫的重要来源。

（四）其他矿物质饲料

1. 沸石粉

沸石是含碱金属和碱土金属的含水铝硅酸盐类形成的矿石，其性质稳定，既耐酸，也耐高温，且流动性好，含有动物必需的25种元素如钙、镁、铁、铜、锰和锌等。天然沸石有40余种，常用斜发沸石和丝光沸石，呈三维硅氧四面体及三维铝氧四面晶体格架结构，结构内部存在大量的均匀的孔道和孔穴，能够选择性地吸附消化道中的NH_3、CO_2以及某些细菌毒素等。此外，沸石还能延缓营养物质消化道存留时间，促进营养物质消化吸收，减少肠道疾病如腹泻的发生，改善动物生产性能，提高饲料利用率。

饲料级沸石粉为无臭无味，具有矿物本身自然色泽的粉末或颗粒。由于天然沸石含量变化大，用化学方法无法准确进行测定和分类，但其吸氨量与沸石的含量成正比，因此，依照沸石的理化指标可以将饲料用沸石分为两个等级，其质量标准见表4-30。

表4-30　饲料用沸石粉质量标准（GB/T 21695—2008）

项目	指标	
	一级	二级
吸氨量（mmol/100g）	≥100.0	≥90.0
干燥损伤（%）	≤6.0	≤10.0
总砷（As）（%）	≤0.002	
铅（Pb）（%）	≤0.000 1	
镉（Cd）（%）	≤0.002	
汞（Hg）（%）	≤0.001	
细度（通过0.9mm试验筛）（%）	≤95.0	

2. 膨润土

膨润土是酸性火山凝灰岩变化而成，俗称白黏土，又名班脱岩，以蒙脱石（56%～67%）为主要矿物成分的非金属矿产，其主要成分包括SiO_2、Al_2O_3、H_2O及少量Fe_2O_3、FeO、MgO、CaO、Na_2O和TiO_2等。在膨润土中，由于蒙脱石晶胞形成的层状结构存在某些阳离子，如Cu、Mg、Na、K等，且这些阳离子与蒙脱石晶胞的作用很不稳定，易被其他阳离子交换，故具有较好的离子交换性，可为动物提供多种必需的常量和微量元素。

膨润土交换出的多种元素是酶、激素和生物活性物质的组成部分，能够提高畜禽增重、成活率，改善肉的品质，此外，膨润土遇水后溶胀，有黏结性，能提高颗粒饲料成品率，也可延缓饲料通过消化道的速度，提高饲料的利用率。饲料级膨润土至今尚没有任何国家标准。

3. 蒙脱石

蒙脱石也称胶岭石、微晶高岭石。是由火山凝结岩等火成岩在碱性环境中蚀变而成的膨润土的主要组成部分。中间为铝氧八面体，上下为硅氧四面体所组成的三层片状结构的黏土矿物，在晶体构造层间含水及一些交换阳离子，有较高的离子交换容量，具有较高的吸水膨胀能力。在山羊日粮中使用可以吸附饲料中的霉菌毒素、重金属、细菌等，能起到修复和保护消化道黏膜，防治腹泻的作用。经过有机、无机或复合改性后的蒙脱石还具有很好的抗菌功效，且不产生耐药性、减少动物二次污染，可以作为新型的抗菌剂用于防治山羊的各种腹泻症。蒙脱石现有相关标准仅有兽药质量标准，饲料级蒙脱石至今尚没有任何国家标准。

四、饲料添加剂

饲料添加剂是指在天然饲料的加工、调质、贮存或饲喂等过程中，人工另外加入的各种微量物质的总称。由于饲料添加剂的种类繁多，为方便科学研究、生产与管理，根据动物营养学原理，一般将饲料添加剂分为营养性添加剂和非营养性添加剂两大类。

饲料添加剂应当具有以下几方面的特点。

（1）安全。长期使用或在添加剂使用期内不会对动物产生急、慢性毒害作用及其他不良影响；在畜产品中无蓄积，或残留量在安全标准之内，其残留及代谢产物不影响人的健康。

（2）有效。在山羊生产中使用，有确实的饲养效果和经济效益。

（3）稳定。添加剂应符合饲料加工生产的要求，在饲料的加工与存储中有良好的稳定性，与常规饲料组分无配伍禁忌。

（4）适口性好。添加剂在饲料中添加使用，不影响山羊对饲料的采食。

（5）无污染。添加剂应对环境没有危害，经山羊消化代谢后的添加剂代谢产物也应对植物、微生物和土壤等无有害作用。

（一）营养性添加剂

营养性添加剂是指在饲料生产中，为了满足家畜的营养需要，对天然饲料中已有的营养物质，再另外加入起补充或强化作用的一类营养性物质，如各种矿物质、维生素、氨基酸等。

1. 维生素饲料添加剂

维生素是最常用也是最重要的一类饲料添加剂，其微量高效，是动物生存所必需。列入饲料添加剂的维生素有16种以上，其中氯化胆碱、维生素A、维生素E及烟酸的使用量所占的比例最大。山羊必需的维生素共有12种，但各种B族维生素及维生素K可由其瘤胃中的微生物合成，因此，除少数幼羔需补加外，在山羊日粮中一般不必再添加。山羊日粮中需要添加的维生素添加剂主要为维生素A、维生素D和维生素E等。

（1）维生素A。维生素A在饲料中添加的主要形式有维生素A醇、维生素A乙酸酯和维生素A棕榈酸酯。其中，维生素A醇稳定性较差，饲料工业选用较少，而维生素A乙酸酯和维生素A棕榈酸酯使用较多。维生素A乙酸酯由β-紫罗兰酮为原料化学合成，外观为鲜黄色结晶粉末，易吸湿，遇热或酸性物质、见光或吸潮后易分解。一般加入抗氧化剂和明胶制成微粒产品作为饲料添加剂使用，产品规格一般有30万IU/g、40万IU/g和50万IU/g。

（2）维生素D。维生素D_3是日粮中使用最主要的维生素D饲料添加剂，其合成原料为胆固醇，胆固醇经酯化、溴化再脱溴和水解后得到7-脱氢胆固醇，后者经紫外线光照射得到维生素D_3，配以一定量的抗氧化剂，添加明胶和淀粉等辅料，经喷雾法制成维生素D_3饲料添加剂。维生素D_3饲料添加剂呈奶油色粉末，产品规格一般有50万IU/g、40万IU/g和30万IU/g。

（3）维生素E。维生素E的主要商品形式有D-α-生育酚、DL-α-生育酚、D-α-生育酚乙酸酯和DL-α-生育酚乙酸酯。饲料工业中应用的维生素E主要为DL-α-生育酚乙酸酯油剂加入适当的抗氧化剂、吸附剂制成有效含量为50%的维生素E粉剂。维生素E粉剂一般呈白色或浅黄色粉末，易吸潮。

维生素不耐热，保存不当易引起效价降低。在正常储存条件下储存，随着储存时间的延长，每月也会损失3%～5%，使用时应注意。表4-31为常用维生素饲料添加剂的质量标准。

表4-31　常用的维生素饲料添加剂的质量标准

种类	外观	含量	水溶性	重金属（mg/kg）	总砷（mg/kg）	铬（mg/kg）	水分（%）
维生素A棕榈酸酯	淡黄至黄色流动性颗粒或粉末	25万IU/g	不溶于水	≤10	≤2	—	≤8.0
维生素D_3	米黄色至黄棕色流动性微粒	50万IU/g	不溶于水	≤10	≤2	≤2.0	≤5.0
维生素E醋酸酯	类白色或淡黄色粉末或颗粒状粉末	50%	不溶于水	≤10	≤2	—	≤5.0
亚硫酸氢钠甲萘醌（维生素K_3）	白色结晶粉末	50%甲萘醌	溶于水	≤20	≤2	≤50	≤13.0
盐酸硫胺维生素B_1	白色结晶或结晶性粉末	98.5%	易溶于水	—	—	—	≤5.0
维生素B_2（核黄素）	黄色到橙色粉末	96%	微溶于水	≤10	≤3	—	≤1.5
维生素B_6（盐酸吡哆醇）	白色至微黄色结晶性粉末	98%	易溶于水	≤10	≤2	—	≤0.5
维生素B_{12}（氰钴胺）	浅红色至棕色细微粉末	90%	溶于水	≤10	≤3	—	≤5.0
泛酸钙	白色至类白色粉末	98%	易溶于水	≤0.002	—	—	≤5.0

（续表）

种类	外观	含量	水溶性	重金属（mg/kg）	总砷（mg/kg）	铬（mg/kg）	水分（%）
叶酸	黄色到浅黄色粉末	95%	不溶于水	—	—	—	≤8.5
烟酸	白色至类白色粉末	99%	水溶性差	≤20	≤2	—	≤0.5
生物素	白色或微黄色流动性粉末	2%	不溶于水	≤10	≤3	—	≤8.0
氯化胆碱（固态剂）	白色至黄褐色流动性粉末	50%	易溶于水	≤20	≤2	—	≤18.0
维生素C（L-抗坏血酸）	白色至类白色粉末	99%	易溶于水	≤10	—	—	—

注：1.上述信息来源于2018年最新饲料添加剂国家标准（截至2018年）

2."—"表示国家标准中未作要求，但其使用时仍需符合《饲料原料卫生标准要求》

2. 微量元素饲料添加剂

（1）硫酸亚铁。硫酸亚铁是最常用的补充铁元素的微量元素饲料添加剂，其稳定性差，暴露空气中亚铁易变成三价铁而降低利用率，而且游离的硫酸根也容易与饲料中其他物质发生反应。硫酸亚铁的水合物一水硫酸亚铁正常为绿色结晶，含铁30%，当其颜色渐变为褐色时表明二价铁转变成三价铁，而三价的铁越多，利用率越差。硫酸亚铁效价高，且价格低廉，但易潮解、不易粉碎、贮久易结块，通常需先烘干再粉碎备用。饲料添加剂硫酸亚铁为灰白色粉末，无臭无味。其质量标准见表4-32。

表4-32 饲料添加剂硫酸亚铁质量标准（GB 34465—2017）

项目	指标
硫酸亚铁（$FeSO_4 \cdot H_2O$）（%）	≥91.3
铁（以Fe^{2+}计）（%）	≥30.0
三价铁（以Fe^{3+}计）（%）	≤0.2
总砷（mg/kg）	≤2
铅（Pb）（mg/kg）	≤15
镉（Cd）（mg/kg）	≤3
细度（通过180μm试验筛）（%）	≥95

（2）硫酸铜。五水硫酸铜（$CuSO_4 \cdot 5H_2O$）又称胆矾，含铜25%，呈蓝色透明的三斜结晶或蓝色颗粒或浅蓝色粉末，水溶性好，生物利用率高，是首选的补铜的饲料添加剂之一，也是评价其他补铜添加剂生物利用率高低的标准之一。铜会促进不稳定脂肪氧化而造成酸败，还会破坏维生素，在配料时应加以注意。饲料添加剂硫酸铜相

关质量标准见表4-33。

表4-33　饲料添加剂硫酸铜质量标准（GB 34459—2017）

项目	指标	
	一水硫酸铜	五水硫酸铜
硫酸铜（$CuSO_4$）（%）	≥98.5	≥98.5
铜（Cu）（%）	≥35.7	≥25.1
总砷（As）（mg/kg）	≤4	
铅（Pb）（mg/kg）	≤5	
镉（Cd）（mg/kg）	≤0.1	
汞（Hg）（mg/kg）	≤0.2	
水不溶物（%）	≤0.5	
细度　通过200μm试验筛（%）	≥95	—
通过800μm试验筛（%）	—	≥95

（3）硫酸锌。山羊日粮中常用的锌源饲料添加剂主要有一水硫酸锌和七水硫酸锌。一水硫酸锌为白色粉末，含锌36.4%，含硫17.9%，七水硫酸锌为无色结晶，含锌22.7%，含硫11.1%。两种锌源饲料添加剂均味涩，溶于水，不溶于乙醇，水溶液为弱酸性。表4-34为饲料级硫酸锌的质量要求。

表4-34　饲料级硫酸锌的质量要求（HG2934—2000）

项目		指标	
		Ⅰ类（$ZnSO_4·H_2O$）	Ⅱ类（$ZnSO_4·7H_2O$）
硫酸锌含量（%）	≥	94.7	97.3
锌（Zn）含量（%）	≥	34.5	22.0
砷（As）含量（%）	≤	0.000 5	0.000 5
铅（Pb）含量（%）	≤	0.002	0.001
镉（Cd）含量（%）	≤	0.003	0.002
细度　通过250μm试验筛（%）	≥	95	—
通过800μm试验筛（%）	≥	—	95

（4）硫酸锰。饲料级的硫酸锰有3种：一水硫酸锰，含锰32.5%，含硫19.0%；五水硫酸锰，含锰22.8%，含硫13.3%；七水硫酸锰，含锰19.8%，含硫11.6%。其中，在山羊饲料中添加最常用的是一水硫酸锰。一水硫酸锰为略带粉红色的结晶粉末，其质量要求见表4-35。

表4-35 一水硫酸锰质量要求（GB 34468—2007）

项目	指标
硫酸锰（以$MnSO_4 \cdot H_2O$计）（%）	≥98.0
锰（Mn）（%）	≥31.8
总砷（As）（mg/kg）	≤3
铅（Pb）（mg/kg）	≤5
镉（Cd）（mg/kg）	≤10
汞（Hg）（mg/kg）	≤0.2
水不溶物（%）	≤0.1
细度（通过250μm试验筛）（%）	≥95

（5）含硒添加剂。常用的含硒添加剂有亚硒酸钠和酵母硒。饲料级亚硒酸钠（$Na_2SeO_3 \cdot 5H_2O$）为无色结晶粉末，毒性较大，用量极少。用于全混合颗粒饲料生产时，其混合均匀度、加工过程的添加方法及准确称量都值得注意。另外，亚硒酸钠与硫酸铜容易发生化学反应生成亚硒酸铜，不宜直接混合和长时间同时贮藏。此外，由于亚硒酸钠毒性较大，一般使用亚硒酸钠预混剂，其硒的含量仅为1%，使用时需要注意。

酵母硒是酵母在发酵过程中通过生物转化作用制备的一类有机硒。酵母硒中的有机硒主要以硒代蛋氨酸、硒代半胱氨酸、硒代胱氨酸等形式存在。酵母硒是动物消化、吸收和代谢硒的理想模式，而且硒毒性最低，是机体内硒的主要存在形式，因而酵母硒大大提高了机体对硒的吸收贮存，有效保证动物在疾病、应激、繁殖及胚胎生长期间硒的供给。因此，近年来，酵母硒的应用也越来越广泛。饲料级亚硒酸钠的质量要求见表4-36。

表4-36 饲料级亚硒酸钠的质量要求（NY 47—1987）

指标名称	指标
亚硒酸钠（Na_2SeO_3）（以干基计）（%）	≥98.0
亚硒酸钠（以Se计）（以干基计）（%）	≥44.7
澄清度	澄清
水分（%）	≤2.0
硒酸盐及硫酸盐	合格

（6）含钴饲料添加剂。含钴的饲料添加剂主要有氯化钴、硫酸钴和碳酸钴，各种含钴饲料化合物都易被动物吸收，生物效价相似，其中最常用的为硫酸钴。饲料级硫酸钴为粉红色结晶粉末或红棕色结晶。由于钴在饲料中的添加量非常少，在预混合饲料中所占比例也比较小，所以为了保证其在饲料中分布均匀，需用稀释剂按一定比

例逐级预混稀释。和亚硒酸钠一样，市场上所售氯化钴预混剂含钴量也为1%，在使用时应予以注意。表4-37为饲料级硫酸钴的质量要求。

表4-37　饲料级硫酸钴的质量要求（HG/T 3775—2005）

项目		指标	
		七水硫酸钴	一水硫酸钴
硫酸钴[以钴（Co）计]质量分数（%）	≥	20.5	33.0
水不溶物质量分数（%）	≥	0.02	—
砷（As）质量分数（%）	≤	0.000 3	0.000 5
铅（Pb）质量分数（%）	≤	0.001	0.002
细度（通过800μm网孔试验筛）质量分数（%）	≥	95	
细度（通过280μm网孔试验筛）质量分数（%）	≥		95

（二）非营养性添加剂

非营养性添加剂是指加入饲料中用于改善饲料利用效率，提高饲料质量和品质，有利于动物健康或代谢的一些非营养性物质。主要包括药物饲料添加剂、微生态制剂、酶制剂、酸化剂、植物提取物、防霉剂、饲料调质和调味添加剂等。

1. 药物饲料添加剂

药物饲料添加剂是指为预防、治疗动物疾病而掺入载体或者稀释剂的兽药预混剂，包括抗球虫类、驱虫剂类等。饲料中需要使用兽药时，只能添加饲料药物添加剂，不能添加原料药或其他剂型的兽药。

为加强兽药的使用管理，规范和指导饲料药物添加剂的合理使用，防止滥用饲料药物添加剂，根据《兽药管理条例》的规定，农业部发布了《饲料药物添加剂使用规范》（168号公告）。该规范中没有任何药物饲料添加剂允许用于山羊日粮中，因此，在山羊全混合颗粒饲料的配制中不应加入任何药物饲料添加剂。

2. 微生态制剂

微生态制剂是在微生态学理论指导下，调整微生态平衡失调，保持微生态平衡，提高宿主健康水平的正常菌群及其代谢产物和选择性促进宿主正常菌群生长类物质的总称。它包括益生菌、益生素、益生元以及合生元，主要用途是调整动物胃肠道的正常菌群结构，增强动物机体抵抗力和免疫力，促进生长发育，预防疾病，提高动物产品品质。随着研究的不断深入，微生态制剂进一步被定义为在微生态理论指导下，将从动物体内分离得到的有益微生物通过特殊工艺制成的含活菌或者包含菌体及其代谢产物的活菌制剂，可作用于动物胃肠道，有益于动物健康和发挥生产性能。随着社会的进步，人们对动物产品的质量要求越来越高，很多国家也颁布法律命令禁止在动物饲料中使用抗生素，而微生态制剂能够克服抗生素的不利影响，其在饲料中的应用也越来越广泛。

微生态制剂分为芽孢杆菌制剂、乳酸杆菌制剂、酵母类制剂以及复合微生态制剂等。农业部2045号公告中规定了动物日粮中可以添加地衣芽孢杆菌、枯草芽孢杆菌、粪肠球菌、屎肠球菌、干酪乳杆菌、植物乳杆菌、黑曲霉、米曲霉等33种微生态添加剂。

微生态制剂作为一种新型活性物质已广泛应用于单胃动物养殖，作用效果显著。在山羊等反刍动物日粮中添加，山羊饲用后微生态制剂进入胃肠道，同样能够调控胃肠道的菌群结构，其与胃肠道自身菌群可以呈现出一种复杂关系，包括共生、共栖、竞争和吞噬等。微生态制剂通过维持健康的胃肠道环境，起到预防疾病、增强动物的抗病能力、提高日粮转化率的效果，最终能够提高动物生产性能。近年来微生态制剂在山羊等反刍动物日粮中应用研究较多，也取得了较好的效果。如在新生羔羊日粮中添加微生态制剂可以促进瘤胃发育，调节瘤胃pH值，并降低断奶日龄。在成年山羊日粮中添加微生态制剂可以改善瘤胃微生物平衡，促进营养物质的消化吸收，并且不会产生类似抗生素的药物残留问题。

3. 酶制剂

饲料酶制剂是为了提高动物对饲料的消化、利用或改善动物体内的代谢效能而加入饲料中的酶类物质。目前可以在饲料中添加的酶制剂包括淀粉酶、α-半乳糖苷酶、纤维素酶、β-葡聚糖酶、葡萄糖氧化酶、脂肪酶、麦芽糖酶、甘露聚糖酶、果胶酶、植酸酶、蛋白酶、木聚糖酶等。

粗饲料是山羊等反刍动物日粮的重要组成部分，但是粗饲料在瘤胃中的消化率不高于50%，全消化道的消化率也不高于65%，因而限制了粗饲料的充分利用。近年来，反刍动物用酶制剂一直是研究应用的热点，尽管外源酶制剂的应用效果有一定的变异性，但是反刍动物日粮中添加外源酶制剂已被公认是提高饲料利用率有效且经济的方式。

酶制剂可以增加可溶性糖的含量。在饲喂前将外源酶制剂加入日粮中的效果最好，可以促进可溶性糖增加。另外，酶发挥作用仅需要含很少的水分即使如干草、谷物中的水分就足以使酶分解日粮中的多糖。因此，要最大限度发挥酶制剂的效果，需要让酶尽可能多的接触日粮，而且尽量添加在比例大的组分中。因此，在全混合颗粒饲料中使用酶制剂的效果较好。

4. 植物提取物

植物提取物是以植物为原料，经过一系列物理化学提取过程，得到一种或多种有营养活性成分的混合物，含有生物碱、皂苷、挥发油、黄酮、单宁以及多糖等生物活性成分，具有杀菌、促生长、提高免疫力及抗氧化等多种功能，被认为是可以替代抗生素药物的天然饲料添加剂之一。植物提取物在山羊全混合颗粒饲料中的使用主要有以下几个方面的作用。

（1）抗菌活性。一些植物提取物作为天然的抗菌剂在动物生产上的应用越来越广泛，现已证明有400多种植物提取物具有杀菌、抑菌作用，50多种对病毒有灭活或抑制作用。其中，抑菌和杀菌效果最显著的植物提取物有月桂油、肉桂油、丁香、百里香、牛至油等。

（2）抗氧化活性。许多植物中含有能抑制环氧酶、脂氧酶、脂质过氧化物酶活性，保护低密度脂蛋白中的胆固醇免受破坏的具有抗氧化活性的化合物。在这些抗氧化成分中，类黄酮和植物酚对预防疾病最重要，多酚和类黄酮具有共轭羟基结构，能有效地抑制氧化。

（3）免疫活性。一些植物提取物可以作用于动物体液免疫系统或细胞免疫系统，通过调节先天性免疫系统的活性或作用于特定的获得性免疫细胞或细胞子集改变体液和细胞的免疫力。具有免疫调节作用的植物提取物有茯苓、淫羊藿、甘草、黄芪、人参、大蒜等提取物。

（4）抑制甲烷的生成。甲烷是一种温室气体，每年家畜所产生的温室气体中的73%是反刍动物所排放的，甲烷的产生是瘤胃发酵能量损失的主要原因。研究表明，植物提取物单宁能够抑制产甲烷菌和原虫的活性，能够与纤维形成复合物，降低纤维的降解率，从而减少了用于甲烷合成的氢气的产生，间接的抑制了甲烷的生产。另外，皂苷类植物提取物能够和原虫细胞膜中的胆固醇结合，改变原虫细胞膜的通透性，使原虫细胞膜破裂而最终减少瘤胃原虫数量。因产甲烷菌和原虫存在共生关系，原虫数量的减少降低了产甲烷菌赖以生存的底物氢的浓度，间接抑制了甲烷的产生。

第三节 常用粗饲料营养特点及品质控制

一、青干草

青干草是青草或其他饲料作物收割后经天然或人工干燥制成。优质干草呈青绿色，叶片多且柔软，有芳香味。干物质中粗蛋白含量较高，并含有较多的维生素和矿物质，适口性好，特别是在生长早期，幼嫩的青草蛋白质含量和消化率较高，而生长后期，特别是结子后则下降，青草茎叶的营养含量上部优于下部，叶优于茎。可以制干草的主要有豆科牧草、禾本科牧草、谷物茎叶及农作物秸秆等，山羊常用的青干草主要来自豆科牧草，如紫花苜蓿、紫云英、野豌豆等，禾本科牧草，如羊草、苏丹草、象草、黑麦草等。

（一）苜蓿干草

苜蓿是世界上栽培面积最大的多年生豆科牧草，因其适应性强、生物产量高、营养价值高、品质好、适口性好而被称作"牧草之王"。苜蓿中蛋白质、矿物质、维生素及一些具有生物活性的黄酮类物质含量均比较高，还含有较多易消化的纤维，纤维在瘤胃内发酵可以产生挥发性脂肪酸，作为反刍动物的主要能源。因此，苜蓿是饲喂牛、羊等反刍动物的优质牧草来源。苜蓿干草随其花期的延伸，其营养效价逐渐下降，初花期苜蓿干草营养更好，其中粗蛋白含量约为19%，粗纤维含量为28%，粗脂肪为2.5%，富含多种矿物质元素，包括钙、磷、钾、氯、硫和锌。钙的含量较高，达到1.41%。

根据干草的颜色和气味能判定干草的品质。绿色均匀、气味清爽的干草质量好，山羊喜食。优质苜蓿干草应当无异味或有干草芳香味，色泽呈暗绿色、绿色或浅绿色，无霉变、无结块。依据其理化指标可以划分为4级，如表4-38所示。

表4-38　苜蓿干草捆质量相关质量指标（NY/T 1170—2006）

质量指标	等级			
	特级	一级	二级	三级
粗蛋白（%）	≥22.0	≥20.0，<22.0	≥18.0，<20.0	≥16.0，<18.0
中性洗涤纤维（%）	<34.0	≥34.0，<36.0	≥36.0，<40.0	≥40.0，<36.0
杂类草含量（%）	<3.0	≥3.0，<5.0	≥5.0，<8.0	≥8.0，<12.0
粗灰分（%）	<12.5			
水分（%）	≤14.0			

（二）三叶草

三叶草又名车轴草，是豆科三叶草属的多年生草本植物。三叶草主要有白花三叶草和红花三叶草两种类型。三叶草是优质豆科牧草，茎叶细软，叶量丰富，粗蛋白含量高，粗纤维含量低。其中白花三叶草植株低矮，适应性强，是最主要的人工草地播种牧草之一。

白三叶又名白车轴草，多年生草本，着地生根。茎细长而软，匍匐地面，植株高30～60cm。叶柄长，小叶倒卵形或近倒心形，叶缘有细锯齿。头状花序，着花

10～80朵，白或淡紫红色。荚果倒卵状矩形，每荚有种子3～4粒。白三叶营养丰富，饲用价值高，粗纤维含量低，干物质消化率可达75%～80%，干物质中粗蛋白含量可达20%以上，而且草质柔嫩，适口性好，是山羊优质的饲草来源。

饲料用白三叶草粉应为粉状、颗粒状或饼状，呈绿色、暗绿色或褐绿色，无发酵、霉变、结块及异臭异味。表4-39为饲料用白三叶草粉的质量指标及分级标准。

表4-39 饲料用白三叶草粉质量指标及分级标准（NY/T 141—1989）

质量指标 \ 等级	一级	二级	三级
粗蛋白（%）	≥22.0	≥17.0	≥14.0
粗纤维（%）	<17.0	<20.0	<23.0
粗灰分（%）	<11.0	<11.0	<11.0

注：各项质量指标含量均以87%干物质为基础计算

（三）羊草干草

羊草属禾本科赖草属多年生草本植物，又名碱草。羊草茎秆单生或呈疏丛、直立、无毛，株高30～90cm，具有发达的地下横走根茎，属根茎型多年生优良牧草。羊草的最佳刈割期为抽穗期，开花以后粗蛋白含量快速下降，纤维含量，主要是酸性洗涤纤维（ADF）的含量急剧上升，适口性会显著下降。抽穗期羊草干草的粗蛋白含量约为15.42%，粗脂肪为2.83%，粗纤维为32.39%，结实后刈割，粗蛋白水平仅为4%，只有秸秆的水平。此外，羊草的营养价值也易受地区影响，不同地区的羊草的营养价值差异较大。

羊草一般在孕穗至开花初期，根部养分蓄积量较多时刈割营养水平较高。刈割后晾晒1d，先堆成松散的小堆，使之慢慢阴干，待含水量降至16%左右，即可集成大堆备用，或制成草粉、草颗粒、草块、草砖、草饼备用。

（四）黑麦草干草

多年生黑麦草，属禾本科黑麦属多年生疏丛型草本植物，喜温湿性气候，10～25℃为生长适温，分蘖适温15℃，不耐旱，耐湿。黑麦草干草的粗蛋白含量约为10%，粗纤维为33%，中性洗涤纤维含量达到65%，钙、磷含量较接近，氯元素缺乏，锌的含量较高。

黑麦草属于细茎草类，干燥失水快，可调质成优良的绿色干草和干草粉。一般可在开花期选择连续3d以上的晴天刈割，割下就地摊成薄层晾晒，晒至含水量在14%以下时堆成垛，也可制成草粉、草颗粒、草块、草砖、草饼备用。

（五）饲用油菜

冬春季青绿饲料缺乏，牛羊容易掉膘瘦弱。现有冬闲田种植黑麦草等禾本科牧草的技术，但是单一种植黑麦草，不能完全保证冬春季饲草资源充足，且黑麦草等禾本科牧草主要营养为碳水化合物，粗蛋白含量较低，营养不均衡。传统生产中，冬春季主要种植的粮油作物主要有油菜、小麦、玉米等，但是近年来尤其是2015年以后，这些粮油作物收益明显降低或亏损，粮农种植积极性低落或甚至直接弃荒。2016年中央一号文件明确提出了农业供给侧结构性改革，以转方式调结构，从而加快发展现代农业。近几年，华中农业大学傅廷栋院士团队培育了饲用"双低"油菜品种华油杂62。该品种油菜一季可亩（1亩≈667m²，下同）产青饲料3.3t（鲜重）以上，生物产量高，营养成分含量高，适口性好，可以作为优良的冬春季饲用作物。研究表明，饲用油菜粗蛋白含量达到了20%以上，粗脂肪含量达3%以上，中性洗涤纤维和酸性洗涤纤维含量较为适中，相对饲用价值（RFV）较高。使用盛花期的饲用油菜代替紫花苜蓿用于湖羊羔羊开口料，提高了羔羊的生长性能和缩短了羔羊的断奶日龄。使用结荚期的饲用油菜替代青贮全株玉米，对山羊生长性能没有显著性影响，但是可以提高山羊瘤胃菌体蛋白含量和瘤胃菌群的多样性，从而促进了山羊瘤胃的健康。表4-40为不同品种饲用油菜苗期常规营养成分含量，表4-41为不同品种饲用油菜盛花期常规营养成分含量（未发表资料）。

表4-40　不同品种饲用油菜苗期常规营养成分含量（%）

样品编号	水分	粗蛋白	粗脂肪	NDF	ADF	钙	总磷	RFV
H6-700	89.95	20.81	4.22	15.36	15.02	2.18	0.37	500.60
H6-701	90.08	20.45	4.68	13.62	12.29	1.96	0.39	580.82
H6-702	89.91	23.05	4.76	10.61	10.35	1.93	0.34	760.07
H6-703	90.80	25.66	5.44	13.84	13.56	1.89	0.43	563.86
H6-704	90.15	26.90	4.88	15.19	12.62	2.48	0.43	518.95
H6-705	89.34	24.87	5.59	18.80	9.28	2.19	0.42	433.48
H6-706	88.63	26.83	5.30	9.98	7.37	2.25	0.43	831.62
H6-707	89.71	26.28	5.12	19.05	17.85	1.84	0.38	391.78
H6-708	90.28	27.58	4.92	11.29	10.68	2.30	0.41	711.53
H6-709	90.39	28.75	4.81	15.85	12.03	2.34	0.38	500.38
H6-710	89.80	28.20	5.66	11.31	9.36	2.13	0.42	719.91
H6-711	91.71	28.12	5.18	16.37	17.28	2.07	0.45	458.64
H6-712	89.89	27.44	5.04	12.08	10.41	2.47	0.41	666.99
H6-713	90.86	26.28	5.11	15.53	14.30	2.08	0.44	498.74
H6-714	84.77	27.62	5.11	11.01	8.88	2.44	0.35	743.04
H6-715	88.68	25.89	5.13	9.89	8.31	2.20	0.36	831.77

注：RFV为相对饲用价值，NDF为中性洗涤纤维，ADF为酸性洗涤纤维，下表同

表4-41　不同品种饲用油菜盛花期常规营养成分含量（%）

样品编号	含水量	粗蛋白	粗脂肪	NDF	ADF	Ca	总磷	RFV
H6-700	79.75	10.85	3.26	55.17	33.29	1.11	0.39	112.92
H6-701	76.41	9.57	3.30	54.13	35.93	1.27	0.36	111.21
H6-702	80.02	9.23	3.28	51.74	32.25	1.05	0.35	122.03
H6-703	76.57	8.99	3.90	58.44	33.81	1.09	0.37	105.89
H6-704	80.33	9.73	2.58	49.90	29.80	1.30	0.39	130.45
H6-705	77.61	10.16	4.27	52.37	32.84	0.97	0.43	119.65
H6-706	78.14	12.07	5.02	52.75	33.16	1.05	0.42	118.31
H6-707	79.95	10.67	5.48	55.73	34.59	0.74	0.38	109.92
H6-708	78.52	11.55	3.59	53.18	33.96	1.25	0.44	116.15
H6-709	76.80	9.65	5.12	57.63	36.20	1.12	0.35	104.08
H6-710	79.54	12.32	5.76	52.13	31.01	1.18	0.44	123.00
H6-711	85.07	13.14	4.39	55.00	35.50	0.90	0.43	110.07
H6-712	80.44	11.11	6.43	55.50	34.19	1.39	0.39	110.96
H6-713	83.77	11.94	5.88	56.12	32.59	1.36	0.38	112.02
H6-714	82.88	12.44	7.92	55.47	34.64	1.69	0.41	110.36
H6-715	79.87	12.33	7.37	55.51	35.10	0.92	0.42	109.62

（六）苏丹草

苏丹草是一年生草本植物，须根系发达，茎圆形，光滑，基部着生不定根，株高可达2～3m。分蘖能力强，每株可分蘖20～30个。

苏丹草为喜温植物，最适在夏季炎热、雨量中等的地区生长。苏丹草的干草品质和营养价值多取决于收割日期，抽穗期刈割营养价值较高，适口性较好，干物质中粗蛋白含量可达15.3%，开花后茎秆变硬，质量下降。苏丹草苗期含有少量的氢氰酸，特别是在干旱或寒冷条件下生长受到抑制时，氢氰酸含量会大幅度增加，山羊采食后会发生呼吸困难、黏膜潮红、震颤及惊厥等中毒症状，在使用时应注意防毒。

（七）苎麻

苎麻〔*Boehmeria nivea*（L.）Gaudich.〕是荨麻科（Urticaceae）苎麻属（*Boehmeria*）多年生宿根性草本纤维植物，同时又是一种湿草类速生性多叶植物。中国是世界上种植苎麻最早的国家，其栽培历史在4 000年以上。世界各地的苎麻均是由中国直接或间接引入栽培，故苎麻被外国人称为"中国草"。苎麻适宜种植在温带及亚热带地区，土壤以土层深厚、疏松、有机质含量高、保水、保肥、排水性好，

pH值在5.5~6.5为宜。苎麻根茎发达，根群入土可达100~200cm，抗旱性极强，具有较高的生物产量和纤维产量，水土保持作用强。2007年，水利部将苎麻指定为南方水土保持植物。

苎麻的适应性强、种植面积广，生物产量大，尤其是新培育的饲用品种生物产量更大，现在我国一些科研院所已经培育出了一批优良的饲用苎麻品种，如由中国农业科学院麻类研究所选育的'中饲苎1号'在70cm刈割高度条件下每年可以刈割10次，干物质年产量最高可以达到$31.5 \times 10^{3}kg/hm^{2}$，湖南农业大学苎麻研究所选育的'湘苎3号'70~100cm高度条件下每年刈割7次，干物质年产量最高可以达到$23.8 \times 10^{3}kg/hm^{2}$，湖北省农业科学院畜牧兽医研究所和咸宁市农业科学院联合培育的'鄂牧苎0904'80~100cm高度条件下每年刈割7~8次，干物质年产量最高可以达到$27.0 \times 10^{3}kg/hm^{2}$。

苎麻的营养十分丰富，与有"牧草之王"之称的苜蓿类似，粗蛋白含量在20%左右，粗纤维含量低于18%，中性洗涤纤维和酸性洗涤纤维含量适中，此外还含有丰富的类胡萝卜素、维生素B_2和钙。苎麻蛋白质的氨基酸组成较为合理，作为畜禽饲料中主要的限制性氨基酸赖氨酸和苏氨酸的含量较高，多数苎麻品种的赖氨酸含量超过1%，苏氨酸的平均含量达到了0.82%，是苎麻蛋白质最突出的特点。但是苎麻中含硫氨基酸含量较低，蛋氨酸和胱氨酸总和平均含量只有0.12%，在使用的过程中应注意其氨基酸的平衡性。

苎麻的钙含量较高，达到了3.70%，而总磷的含量却仅为0.16%，钙和总磷的比值达到了23.57。因此，苎麻中钙和总磷的含量极不平衡，将苎麻作为动物饲料原料使用时应注意钙、磷不平衡的问题。表4-42为（鄂牧苎0904）品种苎麻不同茬次的常规营养成分含量。

表4-42　不同茬次苎麻常规营养成分含量（%）

茬次	粗蛋白	粗脂肪	中性洗涤纤维	酸性洗涤纤维	粗灰分	钙	总磷	钙磷比
1	20.58	3.59	48.71	43.49	17.43	3.75	0.15	25.00
2	20.14	3.58	49.30	42.76	17.92	3.73	0.15	24.87
3	19.51	3.16	49.70	43.14	17.78	3.77	0.16	23.56
4	19.43	3.46	49.81	43.26	15.17	3.69	0.16	23.06
5	19.40	3.34	49.66	43.84	15.82	3.76	0.16	23.50
6	18.73	3.14	47.96	42.47	15.00	3.65	0.16	22.81
7	19.23	3.06	48.44	41.15	17.20	3.58	0.16	22.38
平均值	19.57	3.33	49.08	42.87	16.62	3.70	0.16	23.57

苎麻最主要的抗营养因子为单宁，其含量最高可以达到1%以上。有研究报道在大鼠日粮中苎麻的添加量达到25%后大鼠出现生长停滞的现象，添加量超过40%后大鼠即出现死亡的现象，草鱼饲喂鲜苎麻叶过多会出现排便困难的现象，分析其主要原因可能是因为苎麻中含有较高含量的单宁。另外，有资料表明，苎麻对镉、砷等重金属有较强的富集作用，在使用矿区的苎麻饲喂动物时应特别注意其重金属含量。

（八）饲料构树

构树（*Broussonetia papyrifera*）别名褚桃等，为落叶乔木，高10～20m；树皮暗灰色；小枝密生柔毛，全株含乳汁。为强阳性树种，适应性特强，抗逆性强。构树具有速生、适应性强、分布广、易繁殖、热量高、轮伐期短的特点。其根系浅，侧根分布很广，生长快，萌芽力和分蘖力强，耐修剪。抗污染性强。在中国的温带、热带均有分布，不论平原、丘陵或山地都能生长，其根和种子均可入药，树液可治皮肤病，经济价值很高。构树扶贫工程被国务院扶贫办列为我国十项精准扶贫工程之一。构树扶贫是指我国政府通过多种方式，在全国适合开展构树种植的地区引导和扶持当地农民种植构树，种植构树是一项实用的扶贫项目，既能帮助农民脱贫增收，发家致富，又能改善生态环境，植树造林，同时还能带动当地养殖业发展和饲料深加工。

构树在我国分布广泛，适应能力强，生长迅速，生物产量大，有资料报道，每亩构树可产鲜茎叶10～15t。构树叶的营养价值较高，其中蛋白质含量高达20%～30%，是大米、玉米的3倍，小麦的2倍，且富含多种氨基酸，据报道，每100g干燥构树叶中含总氨基酸24.35g，其中必需氨基酸总量为9.95g，甘氨酸、胱氨酸和亮氨酸分别约占干物质（DM）的1.27%、1.12%和1.09%，此外，维生素、碳水化合物及矿物质元素也十分丰富。表4-43为不同构树品种及不同部位的常规营养成分。

表4-43 不同构树品种及部位常规营养成分含量（%）

项目	野生构树叶粉	日本构树叶粉	杂交构树101叶粉	野生构树嫩茎叶	日本构树嫩茎叶	杂交构树101嫩茎叶
干物质	95.51	96.60	95.66	95.19	95.51	95.32
粗蛋白	27.69	27.96	23.34	25.79	25.36	19.39
粗脂肪	4.66	5.14	7.46	4.26	5.03	6.85
中性洗涤纤维	44.40	40.63	22.94	43.84	39.75	33.19
酸性洗涤纤维	21.68	20.33	10.57	19.46	20.41	19.90

（九）饲料桑

我国栽桑历史悠久，对桑树的研究较为深入，拥有较多的桑树品种及育种资源材料，桑树栽培及病虫害防治技术研究广泛，栽培管理技术先进，普及率高，发展桑树饲料有雄厚的科技支撑。

桑树根系发达，适应性强，适栽范围广，可用无性和有性繁殖，并可根据人们的需要养成不同类型的树形，采伐方便，一年可多次剪伐采叶。叶质优，产量高，高产桑园年产叶量最高可达3t/亩，是目前木本叶用植物中产量最高的树种之一。特别是杂交桑，光能利用率高，发芽早，生长快而旺，能直接播种成园，可当年播种当年投产，一年可采伐4~5次，可机械化收获，草本化栽培，可作为大中型饲料企业的原料基地栽植。

桑树的丰产、稳产性能良好，营养全面，饲用价值高。桑叶干物质粗蛋白含量为22.8%，总糖及淀粉含量合计21%以上，碳氮比接近1∶1。桑叶与苜蓿相比，粗蛋白含量高10.61%、粗纤维低50%、碳水化合物高32.14%、灰分和总能量相当、鸡代谢能高15.83%、奶牛产奶能高46.55%。

桑叶中氨基酸种类丰富，含量高。每克干物质中含赖氨酸46.3mg，色氨酸43.2mg，苯丙氨酸39.0mg，蛋氨酸22.2mg，苏氨酸51.8mg，异亮氨酸50.1mg，亮氨酸89.9mg，缬氨酸80.4mg，均高于苜蓿、甘薯叶中的相应氨基酸含量。此外，在糖代谢和蛋白质代谢过程中具重要作用的其他几种氨基酸也有很高含量，胱氨酸11.1mg，精氨酸53.8mg，谷氨酸含量高达111.2mg，均高于苜蓿、甘薯和大豆粕。桑叶比苜蓿粉、甘薯叶粉及大豆饼有更高的营养效价，作为山羊饲料对其体内蛋白质合成具有极高的营养价值。

桑叶中含有50多种微量元素和维生素，尤其富含能维持机体免疫系统、抗氧化系统、脂肪和碳水化合物周转代谢系统和应激活动所需的B族和C族维生素。另外，桑叶中含有谷甾醇、异槲皮苷、紫云英素等多种天然活性物质及其衍生物，对山羊具有免疫保健作用，能够提高山羊的抗病能力，防止疾病的发生，有利于山羊保持健康快速的生长。

由于桑葚营养丰富，经济价值较高，为提高蚕桑经济效益，近年来，果桑产业得到快速发展，截至2017年年底，全国果桑种植面积已达80万亩以上。但是果桑摘除桑果后剪掉的副产物果桑嫩茎叶尚没有得到有效的开发，资源浪费较为严重。将果桑副产物开发利用作为山羊的新型饲料原料是降低饲养成本及山羊产品安全生产的有效途径之一。但是果桑嫩茎叶在桑果采摘后应及时收割，否则营养损失极大。表4-44为果桑叶片采摘时间晚于正常采摘时间20d左右样品的常规营养成分含量。

表4-44　果桑叶片常规营养成分含量（％）

项目	品种1	品种2	品种3
干物质	92.20	91.33	91.44
粗蛋白	11.44	12.71	13.02
粗脂肪	4.20	3.60	3.40
中性洗涤纤维	52.52	46.27	47.47
酸性洗涤纤维	15.43	14.31	13.97
钙	1.89	1.82	1.83
总磷	0.30	0.26	0.27

（十）禾本科牧草产品

禾本科牧草产品指的是天然草地、改良草地和人工草地收获的禾本科或以禾本科为主的牧草经过干燥后制成的草产品。

依据收割期的不同，牧草干草的感官性状也存在差异。特级干草，应于抽穗前刈割，色泽呈鲜绿色或绿色，有浓郁的干草清香，无杂物和霉变，人工草地及改良草地杂类草不超过1％，天然草地杂类草不超过3％；一级干草，应于抽穗前刈割，色泽呈绿色，有草香味，无杂物和霉变，人工草地及改良草地杂类草不超过2％，天然草地杂类草不超过5％；二级干草，应于抽穗初期或抽穗期刈割，色泽呈绿色或浅绿色，有草香味，无杂物和霉变，人工草地及改良草地杂类草不超过5％，天然草地杂类草不超过7％；三级干草，结实期刈割，茎粗，叶色淡绿或浅黄，无杂物和霉变，干草杂类不超过8％。

青干草中要求总砷的含量不大于4mg/kg，铅的含量不大于30mg/kg，氰化物的含量不大于50mg/kg，亚硝酸盐的含量不大于15mg/kg，黄曲霉毒素B$_1$的含量不大于30μg/kg，玉米赤霉烯酮的含量不大于1mg/kg，脱氧雪腐镰刀菌烯醇的含量不大于5mg/kg，T-2毒素的含量不大于0.5mg/kg，多氯联苯的含量不大于10μg/kg，霉菌总数应不大于4×10^4CFU/g，每25g青干草中不能检出沙门氏菌。表4-45为禾本科牧草干草的质量分级指标。

表4-45　禾本科牧草干草质量分级（NY/T 728—2003）

质量指标	等级			
	特级	一级	二级	三级
粗蛋白（％）	≥11	≥9	≥7	≥5
水分（％）	≤14			

注：粗蛋白含量以绝干物质为基础进行计算

二、农作物秸秆

秸秆是指农作物及饲草收获种子以后残留的部分，包括茎秆、皮壳和枯叶等。秸秆类作物的粗蛋白含量5%左右，纤维素含量30%左右，同时还含有钙、磷等矿物元素以及铜、铁、锌、锰等。

我国是一个农业大国，每年生产4.9亿多吨粮食，同时也生产了8亿t左右的秸秆。其中数量最多的是水稻秸秆（稻草）、小麦秸秆（麦秸）和玉米秸秆，分别占秸秆总量的32.67%、19.00%和26.97%，3项合计占秸秆总量的78.64%。如果1/3秸秆作为饲料可增加1亿头的载畜量，节约粮食5 300万t。但是，目前我国山羊养殖业发展主要还是依靠粮食和牧草，长期以来，一方面，人、畜争粮的矛盾特别突出；另一方面，我国每年生产的农作物秸秆用于饲料的不足10%，其余大部分被作为能源燃料，或就地焚烧，不仅造成资源浪费，而且污染环境。

我国主要的秸秆有稻草、麦秸、玉米秸秆、花生秧、豆秸（大豆秸、蚕豆秸、豌豆秸等）。秸秆的粗纤维含量高达25%~50%，木质素多，无氮浸出物主要是半纤维素和多缩戊糖的可溶部分，消化率低（25%~68%），可发酵氮源和过瘤胃蛋白含量过低，单独饲喂不足以维持瘤胃中微生物的正常生长和繁殖。表4-46列出了几种秸秆风干条件下（为便于比较，将水分均含量换算成15%）的化学成分和营养价值。

表4-46 不同作物秸秆的化学成分、消化率和营养价值

秸秆种类	营养成分（%）								营养物质消化率（%）			
	水分	粗蛋白	粗脂肪	粗纤维	无氮浸出物	粗灰分	钙	磷	粗蛋白	粗脂肪	粗纤维	无氮浸出物
玉米秸	15	6.8	2.0	27.8	40.6	6.8	0.5	0.10	35	30	50	59
小麦秸	15	4.4	1.5	34.2	38.9	6.0	0.32	0.08	23	31	50	37
大麦秸	15	4.6	1.8	33.6	39.2	5.8	0.18	0.12	27	39	54	53
稻草	15	4.8	1.4	25.6	39.8	12.4	0.69	0.60	46	46	57	32
大豆秸	15	4.7	2.0	38.7	39.9	4.2	1.0	0.14	50	60	38	66
苜蓿秸	15	7.4	1.3	37.3	33.7	5.3	0.56	0.19	44	33	37	49

秸秆的营养物质要得以充分利用，必须解决3个问题：一是要改善适口性，提高家畜对秸秆的采食量；二是破坏秸秆的组织结构和细胞壁成分，使纤维素、半纤维素与木质素等分离，并使细胞内容物充分地与消化液接触；三是给山羊消化道中的微生物提供良好的生存环境，促使纤维素水解酶的分泌。将秸秆粉碎后和精饲料按一定比

例混合成全混合日粮，再用专用加工设备生产出全混合颗粒饲料，是解决秸秆饲料化利用存在问题的有效途径。下面分别介绍几种我国常见的农作物秸秆。

（一）水稻秸秆

水稻秸秆是我国南方农区的重要粗饲料。水稻是我国产量第一粮食作物，稻草的开发利用值得重视。山羊对稻草的消化率为50%左右。稻草粗灰分含量较高，约为17%，且硅酸盐所占比例大，这是造成消化率低的重要原因之一。钙和磷含量低，分别为0.29%和0.07%，远低于山羊的生长和繁殖需要。其营养价值受收割时期的影响很大，不同时期收割稻草的部分营养成分见表4-47。

表4-47　不同时期收割稻草的营养价值（%）

时期	干物质	粗蛋白	粗脂肪	粗纤维	无氮浸出物	粗灰分	增重净能（Mcal/kg干物质）
抽穗前	28.7	6.1	1.4	6.7	10.0	4.5	0.35
抽穗期	46.1	3.7	1.2	13.6	22.3	5.3	0.21
秸秆	85.8	6.2	2.1	27.8	35.3	14.4	0.15

（二）玉米秸秆

玉米秸秆外皮光滑，质地坚硬。山羊对玉米秸秆粗纤维的消化率65%左右，对无氮浸出物的消化率60%左右。玉米秸秆青绿时，胡萝卜素含量较高（3~7mg/kg）。生长期短的春播玉米秸秆，比生长期长的春播玉米秸秆粗纤维少，易消化。同一株玉米，上部比下部的营养价值高，叶片又比茎秆的营养价值高，羊较为喜食。玉米秸秆的粗秆采食率低，但采用揉碎处理即可成为山羊养殖首选的秸秆。玉米秸秆营养价值受收割时期的影响很大，见表4-48。

表4-48　不同时期收割玉米秸秆的营养价值（%）

时期	干物质	粗蛋白	粗脂肪	粗纤维	无氮浸出物	粗灰分	增重净能（Mcal/kg干物质）
抽穗期	16.5	1.6	0.4	4.7	8.3	1.5	0.85
乳熟期	19.2	1.8	0.7	6.1	9.0	1.6	0.91
秸秆	55.8	3.0	1.0	29.3	19.0	3.5	0.66

（三）麦秸

麦秸的营养价值因品种、生长期的不同而有所不同。常用作饲料的有小麦秸秆、大麦秸秆和燕麦秸秆。小麦是我国仅次于水稻的粮食作物，其秸秆的数量在麦类秸秆中也最多。小麦秸秆粗纤维含量高，并含有硅酸盐和蜡质，适口性差，营养价值低。

大麦秸秆的产量比小麦秸要低得多，但适口性和粗蛋白含量均较好。在麦类秸秆中，燕麦秸秆是饲用价值最好的一种，且优于稻草，粗蛋白含量在7.5%左右，粗脂肪含量在2.4%左右，粗纤维含量在28.4%左右。

（四）花生秸秆

花生秸秆又称花生秆、花生藤、花生稿、花生秧等，是花生收获后的副产品，也是干秸秆中在山羊养殖上利用率最好的秸秆之一，而且花生藤有特殊的香味，质地较软，适口性好。花生秸秆营养十分丰富，粗蛋白含量高，还含有丰富的氨基酸和微量元素。花生秸秆的营养价值受收获期的影响，若在不影响花生产量的前提下，提前收割，可极大的提高花生秸秆的营养价值。有研究表明，花生秸秆刈割提前20d、15d、10d、7d和5d，其营养价值变化很大，以提前10d效果最好。不同刈割高度对花生秸秆营养成分也有一定的影响，距离地面3～5cm时各养分含量均达到最大。花生秸秆在山羊（大足黑山羊）瘤胃中的降解率也非常高，其干物质和粗蛋白在山羊瘤胃降解率分别达到了44.29%和52.15%，显著高于其他粗饲料。但是花生藤使用时应注意其由于收储不当造成腐败变黑，并常因为未成熟的花生附着霉变，产生大量的黄曲霉毒素，或者泥土较多造成营养价值降低。表4-49为花生秸秆的营养成分含量。

表4-49 花生秸秆营养成分含量（%）

指标	干物质	总能（kJ/g）	粗蛋白	粗脂肪	中性洗涤纤维	酸性洗涤纤维	粗灰分	钙	磷
含量	92.19	16.03	10.08	2.06	33.83	26.49	8.68	1.4	0.16
氨基酸	天门冬氨酸	苏氨酸	丝氨酸	谷氨酸	脯氨酸	甘氨酸	丙氨酸	半胱氨酸	缬氨酸
含量	0.69	0.29	0.33	0.75	0.57	0.32	0.35	0.13	0.39
氨基酸	蛋氨酸	异亮氨酸	亮氨酸	酪氨酸	苯丙氨酸	赖氨酸	组氨酸	精氨酸	氨基酸总和
含量	0.16	0.30	0.51	0.02	0.47	0.40	1.43	0.31	7.39

（五）豆秸

豆秸有大豆秸秆、豌豆秸秆和蚕豆秸秆等种类，其中最常见的是大豆秸秆。作为我国主要农产品作物之一的大豆，在我国有着悠久的种植历史，分布广，面积大，品种多。大豆收获后剩余的植株部分即大豆秸秆，因此，大豆秸秆来源广泛、数量较大。但是，在我国广大地区，多数大豆秸秆被晒干作燃料使用，浪费严重。据联合国粮农组织20世纪90年代的统计资料，美国约有27%，澳大利亚约有18%，新西兰约有21%的肉类是由大豆秸秆为主的秸秆饲料转化而来的。因此，在我国大豆秸秆资源的利用潜能巨大。

大豆秸秆营养含量较为丰富，粗蛋白含量达到10%～12%，质量较好，钙含量达到了1%以上。但是大豆秸秆质地坚硬，中性洗涤纤维含量较高，达到了60%以上，干物质消化率较低，仅为18%左右，营养价值不高。另外，大豆秸秆中有较高含量的大豆异黄酮类植物雌激素，能促进山羊生长，改变山羊瘤胃微生物发酵类型，促进瘤胃微生物对含氮化合物及碳水化合物的吸收与利用。同时，大豆异黄酮类植物雌激素还可以显著提高山羊血清睾酮、内啡肽、生长激素、胰岛素生长因子-Ⅰ、三碘甲腺原氨酸、甲状腺素和胰岛素水平，使血清中尿素氮和胆固醇降低，从而促进肌肉蛋白质沉积，加快山羊的生长速度。

在利用豆秸类饲料时，要很好地加工调质，搭配其他精粗饲料混合饲喂。若混有生豆子（含有抗胰蛋白酶）会干扰蛋白质的消化吸收。

（六）油菜秸秆

油菜秸秆是我国的一种大宗农业副产资源。油菜秸秆具有相对丰富的营养和热量，油菜秸秆的粗脂肪、粗蛋白的含量总和明显高于小麦秸、玉米秸和豆秸，具有较高的饲用价值。但是，由于油菜秸秆的蜡质、硅酸盐和木质素含量较高，细胞壁的结晶度较高，木质素与纤维素之间镶嵌形成坚固的酯键结构，以及天然的异味和粗硬的动物口感，导致动物的采食率和消化率均很低。另外，传统油菜秸秆中还含有芥酸、硫苷、异硫氰酸酯、恶唑烷硫酮等抗营养因子，动物采食量过大会导致甲状腺肿大、新陈代谢紊乱，甚至死亡的情况，因此，至今未能将其直接应用于猪禽饲养，直接用于反刍动物的报道也很少。

但是将油菜秸秆粉碎后按照山羊的营养需要，与其他秸秆、饲草、精饲料等混合后制成全混合颗粒饲料饲喂山羊，结果表明，油菜秸秆添加量达到15%时，山羊的日增重仍能达到120g以上，大幅度的降低了山羊的养殖成本。

（七）高粱秸秆

高粱秸秆所含营养物质接近玉米秸秆，但高粱芽、苗含有氢氰酸，毒性很大，必须在收割高粱的同时把秸秆割倒利用，如不割倒它一旦出现侧芽即产生有毒物质，千万要注意。由于高粱秸秆含糖分比玉米秸秆还高，用来调质青贮效果很好，但应注意高粱秸秆坚硬，使用时切碎或揉碎效果更佳。

（八）其他秸秆

我国是一个农业大国，种植作物品种很多，具有地域特色的农作物秸秆也较多，在当地也很有利用价值，如甘薯藤、向日葵等。其他几种常见秸秆的营养成分与营养价值见表4-50。

表4-50 秸秆的营养价值（干物质基础，%）

饲料	粗蛋白	粗纤维	粗脂肪	钙	磷	增重净能（Mcal/kg）
燕麦秸秆	4.4	40.5	1.6	0.18	0.01	0.28
高粱秸秆	6.0	28.5	1.95	0.36	0.22	0.47
豌豆秸秆	8.9	39.5	2.26	1.48	0.17	0.34
大豆秸秆	11.3	28.8	2.4	1.31	0.22	0.43
油菜秸秆	4.74	42.4	2.48	1.08	0.13	0.31
甘薯藤	9.2	32.4	2.7	1.76	0.13	0.38
花生藤	12~14.3	24.6~32.4	2.47	2.69	0.04	0.50

三、糖料作物加工副产物

（一）甘蔗加工副产物

甘蔗是我国糖类生产的主要原料，属于C_4植物，光能作用转化率高，单位面积的生物产量高于其他作物，是有效利用太阳能最经济的作物之一。甘蔗收割后，会产生大量的甘蔗叶、甘蔗梢、甘蔗渣，还有制糖压榨后的滤泥及制糖后所剩的糖蜜等副产物。这些副产物经过处理加工后可以作为反刍动物的饲料。甘蔗收获期集中在冬春季，此时正是青绿粗饲料最缺乏的时候，而如果能够将产量巨大的甘蔗梢等甘蔗副产物充分利用，开发成非常规饲料，可一定程度上降低养殖成本，缓解冬春季青绿饲料缺乏的问题。表4-51为几种甘蔗副产物的营养成分。从表4-51中可以看出，不同部位的甘蔗饲用价值不同，饲用价值从高到低依次为全株甘蔗>甘蔗叶>甘蔗渣，青贮或膨化加工后可以提高甘蔗副产物营养价值。

表4-51 甘蔗副产物营养成分（%）

甘蔗副产物	甘蔗叶	青贮甘蔗叶	甘蔗渣	膨化甘蔗渣	全株甘蔗
干物质	93.38	93.02	92.79	94.41	93.90
有机物	94.20	91.64	93.95	93.40	92.45
总能（MJ/kg）	18.45	17.82	18.04	17.81	17.22
粗蛋白	6.12	6.70	6.62	6.57	6.13
粗脂肪	1.46	3.03	1.21	1.37	1.35
中性洗涤纤维	76.48	68.60	75.33	74.08	62.95
酸性洗涤纤维	46.14	37.99	32.37	31.49	30.71
非纤维糖类	16.95	21.68	16.84	17.98	29.57
钙	0.22	0.28	0.21	0.22	0.25
磷	0.10	0.13	0.09	0.08	0.09

1. 糖蜜

糖蜜是制糖后所剩的一种深棕色、黏稠的副产品，对其进一步的加工、提取不但成本偏高，而且缺乏有效的技术支持。糖蜜一般含糖量在40%~60%，其中蔗糖含量约30%，转化糖10%~20%，此外，糖蜜还富含蛋白质、维生素、盐类、矿物质元素及其他高能量的非糖物质。

糖蜜作为一种营养均衡，供能迅速的饲料原料已得到越来越多的认可。有资料表明，在以青贮为主的日粮中，产奶量、乳蛋白和酪蛋白含量随着糖蜜添加量的增加而增加。在山羊日粮中添加糖蜜可以显著提高羊的干物质采食量和有机物消化率，同时也可以增强羊瘤胃微生物的活性。另外，糖蜜的黏度较好，因此，糖蜜可以很好的将饲料中各种营养成分黏合在一起促进营养成分的消化和吸收。在山羊全混合颗粒饲料中添加糖蜜可以降低颗粒饲料的粉化率，提高饲料的适口性，促进山羊快速生长。

另外，在青贮饲料的制备过程中，糖类和水分是乳酸菌生长代谢的重要条件，在含糖量不足的作物中加入少量的糖蜜，可以起到增加青贮料制备过程中的可溶性糖分含量，提高乳酸菌的生长性能，增加青贮饲料的适口性，保存营养成分的效果。

2. 甘蔗梢（叶）

甘蔗梢（叶）是甘蔗加工的副产物，俗称蔗尾，是一种廉价的能量饲料，具有产量大、产地集中、成本较低等特点。甘蔗梢（叶）含有丰富的蛋白质、糖分、多种氨基酸、多种维生素等营养成分，是一种非常好的饲料资源。经研究测定，甘蔗梢（叶）含消化能5.68MJ，粗蛋白3%~6%，无氮浸出物35%~43%。但是，由于含水量高，易霉变，晒干后适口性较差等原因，总体利用率仍较低，且鲜甘蔗梢含有硅土和草酸等对山羊有害的抗营养因子，目前绝大多数被废弃，造成了环境污染和资源浪费，其饲料化利用潜力巨大。

3. 甘蔗渣

甘蔗渣是甘蔗糖厂最大宗的副产物，其产量约为甘蔗压榨量的25%。蔗渣目前约90%被用于燃料，用于糖厂锅炉发电和供应蒸汽。虽然蔗渣直接燃烧是处理蔗渣最简洁快速的方法，但是蔗渣直接燃烧既浪费蔗渣资源，又会产生大量二氧化碳等温室气体，对空气和自然环境造成严重的污染，因此，蔗渣资源的合理开发利用问题亟待解决。

蔗渣主要成分为纤维素、半纤维素、木质素和果胶，4种成分占干渣量的90%以上。蔗渣的蛋白质、淀粉和可溶性糖含量均较低，而且消化率较低，未经处理的甘蔗渣消化率和能量利用率均较低。但是，甘蔗渣也有一系列的优点，其干物质含量高，来源集中、产量大，收集简单、运输半径大，且甘蔗渣成分相对稳定、性质均一，将其用作全混合颗粒饲料生产，可满足颗粒饲料产业化所需的原料集中性、连续性和均一性的要求。

（二）木薯加工副产物

木薯又称南洋薯、木番薯、树薯，是大戟科植物的块根，多年生直立灌木，高1.5~3m，块根圆柱状。木薯根富含淀粉，是发展中国家四大主要粮食作物之一。目前，木薯已经广泛分布于中国的南方，广东、广西的栽培面积最大，福建、海南和我国台湾次之，南方中部的云南、贵州、四川等省也有少量栽培。

木薯渣是木薯加工获取淀粉后的副产物，我国每年木薯渣总量高达150万t以上，数量巨大。木薯渣碳水化合物、粗纤维含量均很高，矿物质、微量元素和氨基酸的含量也十分丰富，是一种来源广泛、价格低廉的能量饲料。表4-52为不同地区生产木薯渣的营养成分及氢化物含量。

表4-52　不同地区生产木薯渣的营养成分及氢化物含量（%）

营养成分	海南琼中	海南八一	海南白沙	海南昌江
水分	12.01	11.47	11.34	10.87
粗蛋白	1.98	1.92	2.49	1.83
粗脂肪	0.76	0.79	0.35	0.50
粗纤维	18.45	15.44	18.70	17.86
粗灰分	3.30	2.79	2.61	4.85
中性洗涤纤维	32.41	29.32	33.42	29.71
酸性洗涤纤维	24.65	20.59	24.15	24.49
总能（MJ/kg）	16.95	16.91	17.17	16.73
氰化物（mg/kg）	92.04	72.29	87.29	32.13

注：资料来源，冀凤杰等（2016）

木薯渣中最主要的抗营养因子是氢氰酸，在使用木薯渣作为山羊饲料时，要注意氢氰酸的副作用及国家饲料卫生标准（GB 10378—2001）规定的氢氰酸的最大允许量。

（三）甘薯加工副产物

甘薯，旋花科薯蓣属缠绕草质藤本，又名甜薯、红薯、山芋、红芋、白薯、白芋、红苕、地瓜等，是一种高产而适应性强的粮食作物，是重要的蔬菜来源，也是食品加工、淀粉和酒精制造工业的重要原料。目前，我国甘薯的种植面积约占全世界的70%，而总产量约占全世界的85%，是仅次于水稻、小麦和玉米的主要作物。

1. 甘薯渣

甘薯渣为甘薯加工淀粉过程中产生的副产物，主要由甘薯的果皮、果梗和果肉组成，主要成分为淀粉和膳食纤维，其中淀粉含量达到了43%～61%，膳食纤维含量达到了16%～27%。甘薯渣中蛋白质含量较少，仅为2%左右。除此之外，甘薯渣还含有丰富的维生素、果酸和果糖。

虽然，高品质的甘薯渣是生产山羊全混合颗粒饲料良好的饲料原料，但是在使用过程中仍需注意一些问题，如新鲜的甘薯渣含水分高达80%，极易受微生物污染，特别是霉菌（如黄曲霉、镰刀菌等）容易在甘薯渣中生长繁殖，并生产次级代谢产物（黄曲霉毒素、脱氧雪腐镰刀烯醇等）。自然堆放的甘薯渣更易受到黄曲霉的污染而产生大量毒素，饲喂动物易引起黄曲霉毒素中毒。另外，在甘薯生产淀粉的加工过程中，甘薯细胞破碎后多酚氧化镁催化酚类物质发生反应，所产生的褐变现象是影响甘薯淀粉白度的最主要因素。现阶段控褐的方法是在甘薯破碎过程中加入亚硫酸氢钠，导致甘薯渣中可能会残留亚硫酸氢钠。亚硫酸氢钠具有二氧化硫的气味，微量的亚硫酸氢钠对动物没有危害，但是过量的亚硫酸氢钠会损伤动物胃肠道黏膜，导致消化障碍，同时可以破坏硫胺素，引起动物产生维生素B_1缺乏症。

2. 甘薯藤

甘薯藤是甘薯地上的茎叶部分，含叶、柄、藤，资源量较大。甘薯藤含有丰富的蛋白质、胡萝卜素、维生素、铁和钙。甘薯顶端15cm的鲜茎叶，蛋白质含量达到了2.47%，胡萝卜素、维生素B_2、维生素C、铁和钙的含量分别达到了5 580IU/100g、3.5mg/kg、41.07mg/kg、3.94mg/kg和74.4mg/kg。甘薯藤中能量虽然较甘薯低，但是粗蛋白含量较高，是一种优质的高能、高蛋白饲料。

（四）马铃薯加工副产物

马铃薯，又称地蛋、土豆、洋山芋等，属茄科多年生草本植物，块茎可供食用，是全球第四大重要的粮食作物，仅次于小麦、稻谷和玉米。我国马铃薯种植面积和产量均位居世界第一。

1. 马铃薯渣

马铃薯渣是马铃薯淀粉生产过程中产生的副产物，新鲜马铃薯渣含水量可达90%以上，自带菌种达到了30多种，若不及时处理，容易腐败产生恶臭，不宜储存和运输。马铃薯渣主要化学成分包括淀粉、纤维素、半纤维素、果胶、游离氨基酸、寡肽、多肽和灰分等。马铃薯渣过高的水分含量和繁多的微生物限制了其在山羊全混合颗粒饲料中的使用，但是将其和其他饲料原料混合进行青贮或者发酵后可以使用。

2. 马铃薯藤

马铃薯藤是马铃薯收获后地上的藤叶部分，干物质蛋白质含量较高，可以达到16%左右，各种维生素和矿物质含量也均比较高，但是马铃薯藤中含有抗营养因子龙葵素，是一种有毒的生物碱，如果大量使用会引起山羊中毒，使用时应注意。

四、果品加工副产物

（一）柑橘加工副产物

柑橘渣是柑橘加工最主要的副产物，其组成包括柑橘皮（60%～65%），种子（0～10%）以及橘络和残余果（30%～35%）。柑橘渣中粗蛋白含量不高，在8%左右，无氮浸出物和钙的含量较高，而磷的含量较低，表4-53为几种不同来源柑橘渣的常规营养成分含量。除了常规营养成分外，柑橘渣中还富含多酚、黄酮类的抗氧化物质和以柠檬烯为代表的具有抗菌、抗炎作用的橘皮精油。但是柑橘渣中存在大量的苦味物质，主要是以柚苷为代表的黄酮类物质和柠檬苦素、诺米林为代表的三萜烯化合物，大量的苦味物质对柑橘渣的适口性带来了一定的影响。但是，多数研究结果表明，将柑橘渣代替谷物作为能量饲料在反刍动物日粮中适量添加，不仅不会对反刍动物生长发育产生不利影响，还能对肉品质起到一定的改善作用，但是添加量过大（40%以上），会对肉品质产生一定的负面影响。

表4-53　几种不同来源柑橘渣常规营养成分含量（%）

来源	干物质	粗灰分	粗脂肪	粗蛋白	粗纤维	无氮浸出物	钙	磷
1	88.80	3.31	2.60	8.17	9.02	65.70	0.60	0.07
2	90.06	3.90	2.20	6.62	12.50	64.84	1.03	0.10
3	93.51	3.62	2.35	8.00	14.90	64.34	0.83	0.13
4	90.30	4.10	2.40	6.40	10.10	67.30	0.65	0.27

注：资料来源，吴剑波等（2016）

（二）苹果加工副产物

我国苹果种植的覆盖率越来越高，年产量超过4 000万t，是世界苹果总产量的60%以上。所产苹果很大一部分用于加工成苹果汁、苹果果酱、苹果醋等，每年有超过300万t的苹果渣排放。苹果渣主要有果皮果肉（占96%）、果核（占3.1%）和果梗（占0.7%）组成，不仅营养丰富、适口性好，而且富含蛋白质、碳水化合物、氨基酸、可溶性糖、有机酸、维生素、矿物质、纤维素和果酸等多种营养物质，具有较高的营养价值和经济价值。干苹果渣的常规营养成分见表4-54。苹果渣中含有果胶、单宁等难以被单胃动物消化和吸收的抗营养因子，但是对反刍动物而言没有毒性，反而可与饲料中蛋白质结合，增加过瘤胃蛋白质，从而增加氨基酸的净吸收率。干燥后的苹果渣适口性增强，便于储存和长途运输。由于苹果渣的代谢能值较高，在动物日粮中应用时常代替玉米、麸皮等精饲料使用。

表4-54 几种不同来源苹果渣常规营养成分含量（%）

来源	干物质	粗灰分	粗脂肪	粗蛋白	粗纤维	钙	磷
1	89.0	2.30	4.80	4.40	14.80	0.11	0.10
2	89.8	4.52	4.11	4.78	14.72	—	—
3	89.0	1.80	2.80	4.40	16.40	0.02	0.02
4	89.0	2.30	4.20	4.40	14.80	0.11	0.10

注：资料来源，侯玉洁等（2016）

五、食用菌菌糠

食用菌菌糠是食用菌工厂化生产收获子实体后的残留栽培基质。菌糠中含有大量的粗蛋白和丰富的糖类、有机酸类及其他营养物质。但是，由于食用菌生产原料多为玉米芯、木屑、秸秆等农业副产物，导致菌糠中霉菌及霉菌毒素含量较高甚至严重超标，适口性较差，影响其在动物饲料中高效、安全应用。国外关于菌糠的饲料化高效利用研究几乎空白，国内在该方面的研究也不多，但是近年来，国内科技人员针对菌糠的特性，筛选出了具有特殊的降解纤维素功能的微生物对菌糠进行发酵处理，进一步降解了菌糠中难以利用的碳水化合物含量，提高了粗蛋白、糖类及有机酸等营养物质的含量，提高了菌糠的饲用价值。目前，国内产量较多且饲用价值较大的食用菌菌糠主要有金针菇菌糠和杏鲍菇菌糠。

（一）金针菇菌糠

金针菇菌糠是金针菇工厂化生产收获金针菇子实体后的残留栽培基质。由于金针菇的栽培基质配方所用主要原料包括玉米芯、米糠、麸皮、棉籽壳、大豆皮、玉米粉、豆粕、碳酸钙等，其中米糠、麸皮、玉米粉和豆粕等精饲料占比达60%左右，所以金针菇菌糠中含有大量未被分解利用的蛋白质、脂肪、氨基酸、多糖、多种微量元素等营养物质以及金针菇生产过程中产生的一些活性物质。有研究表明，金针菇菌糠的常规营养物质含量和花生藤相似（表4-55），使用金针菇菌糠替代花生藤制备山羊全混合颗粒饲料饲喂波尔山羊，金针菇菌糠添加量最大达到30%，对波尔山羊生长性能及血液生化指标均没有显著性影响，但是添加量在10%时经济效益最佳。

表4-55 不同处理菌糠营养成分含量（%）

项目	金针菇菌糠	发酵金针菇菌糠	花生藤
干物质	84.01	85.66	83.03
粗蛋白	7.97	8.97	7.89

（续表）

项目	金针菇菌糠	发酵金针菇菌糠	花生藤
粗脂肪	2.86	3.30	2.85
钙	0.82	0.95	1.76
总磷	1.83	2.05	0.03
中性洗涤纤维	53.29	55.15	55.61
酸性洗涤纤维	49.26	52.19	44.00

注：资料来源，郭万正等（2017），下表同

金针菇菌糠由于原料中添加了大量的玉米芯、棉籽壳等原料，这类原料中通常会含有大量的黄曲霉毒素、玉米赤霉烯酮等霉菌毒素，据多个样品测定结果表明，金针菇菌糠中玉米赤霉烯酮最大含量达到了1 500μg/kg，使用时应注意其使用量。

（二）杏鲍菇菌糠

杏鲍菇菌糠是杏鲍菇工厂化生产收获杏鲍菇子实体后的残留栽培基质。由于杏鲍菇的栽培基质配方所用主要原料包括玉米芯、棉籽壳（或甘蔗渣等）、木屑、麸皮、玉米粉、豆粕、轻质碳酸钙、石膏粉等，其中麸皮、玉米粉和豆粕等精饲料占比40%左右，所以杏鲍菇菌糠的主要成分是未被利用完的木质纤维素和部分未被分解利用的蛋白质、脂肪、氨基酸、多糖、多种微量元素等营养物质以及杏鲍菇生产过程中产生的一些活性物质。将杏鲍菇菌糠作为主要粗饲料原料配制山羊育肥期全混合颗粒饲料，添加量20%以上对育肥山羊生长性能没有显著性影响，但是最适添加量12%～20%，超过28%时，生长性能会受到影响。杏鲍菇菌糠原料中同样添加了大量的玉米芯、棉籽壳等原料，黄曲霉毒素、玉米赤霉烯酮等霉菌毒素也可能会超标，使用时应予以重视。表4-56为杏鲍菇菌糠和发酵杏鲍菇菌糠的常规营养成分含量。

表4-56 杏鲍菇菌糠和发酵杏鲍菇菌糠常规营养成分含量（%）

项目	杏鲍菇菌糠	发酵杏鲍菇菌糠
干物质	89.91	81.41
粗蛋白	10.60	11.87
粗脂肪	0.37	0.96
钙	2.60	2.83
总磷	0.36	0.30
中性洗涤纤维	64.67	58.97
酸性洗涤纤维	47.63	42.06

六、其他常见粗饲料

除干草、秸秆、农产品加工副产物和菌糠饲料之外，秕壳也可以作为粗饲料用于山羊的饲喂。秕壳是农作物籽实脱壳的副产品，包括谷壳、高粱壳、花生壳、豆荚、棉籽壳、秕谷及其他脱壳副产品，除稻壳、花生壳外，秕壳的营养价值高于同类作物的秸秆。秕壳中最具代表的是大豆荚，是一种优质的粗饲料，其粗纤维含量为33%～40%，粗蛋白为5%～10%，饲料价值较高；谷壳，营养价值仅次于豆荚，但数量大，来源广，值得重视；稻壳的营养价值很低，喂山羊时须经氨化、碱化、高压煮或膨胀软化后按10%比例添加。此外，棉桃壳、棉籽壳、玉米壳经粉碎，也可作为山羊的饲料。但是，此类饲料使用时应特别注意其霉菌毒素等抗营养因子的问题。

第五章 山羊全混合颗粒饲料科学配制方法

第一节 山羊全混合颗粒饲料科学配制的原则和要求

科学、经济的山羊全混合颗粒饲料配方设计的目标就是根据其不同生理阶段的营养需要或饲养标准、不同类型原料的营养成分和特点、营养价值，满足山羊不同品种、生理阶段、生产目的、生产水平等条件下对各种营养物质的需求，设计出能最大限度地发挥山羊生产性能及得到较高的产品品质的日粮。配制的全混合颗粒饲料应具备适口性好、成本低、经济合理，确保山羊机体的健康，排泄物对环境污染最低等基本要求。

一、配制山羊全混合颗粒饲料的科学性原则

通常情况下，单一饲料难以满足山羊生长、繁殖、泌乳等生产需要，必须将多种饲料原料配合在一起，才能满足其对各种养分的需要。科学有效的饲料配方，对于提高山羊养殖效益大有裨益。而要实行饲料配比的科学合理性，必须要遵守以下配比原则。

（一）分群分阶段饲养，以饲养标准为基础，满足其不同的营养需要

山羊的品种、性别、生理阶段、体重等不同，对饲料中各营养成分的需要量也不同。将营养需要相似的山羊进行合理分群和分阶段，选择符合相应阶段营养需要量的饲养标准，结合不同生产条件下肉羊的生长情况与生产性能状况配制相应的全混合颗粒饲料，以降低饲料成本，提高饲料转化效率，提高养殖效益。例如母羊应分为空怀期、妊娠前期、妊娠后期和哺乳期4个阶段；种公羊分为配种预备期（配种前1～1.5

月）、配种期（1～1.5个月）和非配种期等阶段。

饲养标准是对山羊实行科学饲养的依据，因此，经济合理的饲料配方必须根据饲养标准所规定的营养物质需要量的指标进行设计。在选用的饲养标准基础上，根据饲养实践中动物的生长或生产性能等情况，一般按山羊的膘情或季节等条件的变化，对饲养标准做适当的调整。我国关于山羊的营养需求研究较少，很多地方品种缺乏相应的饲养标准，在实际生产中，可以根据实际生产水平参考美国NRC推荐的山羊饲养标准或者中国肉羊饲养标准（NY/T 816—2004）等。

同时，在配制山羊全混合颗粒饲料时，饲料原料的使用应多样化，尽可能将多种饲料合理搭配使用，以充分发挥各原料的营养互补作用，平衡各营养素之间的比例，保证日粮的全价性，提高日粮中营养物质的利用效率。山羊的全混合颗粒饲料配制应以干粗饲料、精饲料及各种补充饲料为主，也可添加少量青贮饲料、发酵饲料和糟渣类饲料等含水量较高的饲料原料，但是应保证生产出的全混合颗粒饲料水分含量不高于12.5%。

（二）以干物质采食量为基础，控制日粮体积，日粮营养要均衡

全混合颗粒饲料配制前要考虑山羊的采食量，控制日粮体积和营养浓度。日粮体积应尽量和山羊的消化生理特点相适应。日粮体积过大，可能会造成羊吃进的营养物质不能满足营养需求；体积过小，即使羊的营养需求得到满足，但是瘤胃充盈度不够，仍有饥饿感。实际生产中监测羊群实际干物质的采食量，根据实际干物质的采食量来确定日粮的营养浓度，使满足羊营养需要的日粮体积符合羊消化道的容量。

配制山羊日粮时根据各阶段山羊营养需要，各种营养元素要适宜、合理添加，保证能量、蛋白质、矿物质、维生素、纤维等营养素的平衡。日粮中营养素不均衡不仅会造成饲料浪费，也会降低山羊的生产性能和经济效益。如日粮中过高的营养含量，造成日粮中降解蛋白质不能充分被利用，山羊后肠异常发酵造成腹泻，或者配方中钙、磷含量不均衡能造成山羊尿结石等。

（三）监控日粮所用原料的营养成分与抗营养因子含量，保证稳定性与安全性

在配制山羊全混合颗粒饲料时，要保证原料品质及日粮构成的稳定。饲料原料产地、收割季节及调质方法不同，会造成营养成分差异较大。如果生搬硬套某一营养成分含量数值，会造成日粮营养成分与预期值偏差很大。有条件的一定要测定饲料原料中营养成分含量。

配制山羊全混合颗粒饲料要保证精粗比例稳定、营养浓度一致，突然改变日粮构成，会引起羊消化道不适，造成消化不良或腹泻。选择配制全混合颗粒饲料的原料时，不用不合标准或假劣、变质原料，原料的容重、外观色泽、粒度及含量等须符合

国家标准要求。要注意不同原料尤其是矿物质、微量元素、维生素的配伍、拮抗和禁忌等。各类添加剂不随意、超量添加，尤其是抗生素类药物饲料添加剂禁止添加；需要使用药物进行治疗疾病在全混合饲料中添加时，要遵守国家规定的停药期。对国家有关部门明令禁用的药物及其他添加剂坚决不用。为了预防"疯牛病"等疾病的发生，我国政府禁止反刍动物使用动物源性饲料（奶粉除外），包括肉骨粉、骨粉、血粉、血浆粉、动物下脚料等。

（四）注意日粮的适口性，保证山羊的采食量

饲料的适口性与山羊的采食量有着直接的关系，优良的饲料配方设计的一个重要的衡量标准就是饲料的适口性。适口性好，就能有效地刺激食欲，增加采食量，适口性差，就会影响食欲，减少采食，影响动物正常的生长。山羊对有异味的饲料十分敏感，比如，带苦味的菜籽饼或带涩味的高粱添加量过高，饲料的适口性就会变差。山羊不喜欢吃带有叶毛和蜡质的植物，如芦苇，这类饲料原料添加量过高，同样会影响饲料的适口性。虽然对一些适口性较差的饲料加入少量调味剂，可以使饲料的适口性得到一定的改善，但是适口性差的原料一般营养性和消化率均比较差，添加调味剂只是遮掩了适口性差原料的味道，其营养价值并没有得到改善，所以使用适口性差的原料需谨慎。

二、配制山羊全混合颗粒饲料的经济性原则

在山羊生产中，饲料费用占成本的70%左右，降低饲料成本，对提高山羊养殖的经济效益至关重要。在所有的家畜中，山羊能利用的饲料资源最为丰富，因此，在配制山羊日粮时要充分利用农作物秸秆、杂草、农副产品等粗饲料和尿素等非蛋白氮，以降低饲料成本。同时，积极使用最新科研成果，选用当地最质优价廉的饲料原料，运用计算机饲料配方软件计算出最低成本日粮，以实现优质、高产、高效益的生产目标。

（一）满足最低营养需要，选择最优配方配制日粮

高能量、高蛋白饲料原料的价格通常比较高，决定着整体配方成本。根据山羊不同阶段营养需求设计出不同配方的全价混合饲料，饲养标准的建议量为最小需要量，配方设计营养水平根据实际情况进行调整，不片面追求高营养，但是也不能为了节约成本而随意降低日粮营养浓度。

山羊对饲料中蛋白质的含量和品质要求均不是很高，可以大量使用青饲料和粗饲料，尤其是可以将农作物秸秆处理后进行饲喂，因此，在配制山羊全混合颗粒饲料时，应以秸秆等粗饲料为主，再补充玉米、豆粕等精饲料，尽量做到就地取材，选用

营养价值较高、来源广泛、价格低廉的饲料原料配制日粮，以降低生产成本。在蛋白质饲料原料价格比较低时，可以提供比需要量高出5%～10%的添加量，以促进山羊的生长。但是蛋白质添加量超过需要量25%以上时，对山羊的生长发育也有不利的影响。

（二）饲料原料多样化，降低饲料成本

应注意饲料原料的多样化，饲料原料多样化更易合理设计出可行的饲料配方。多种饲料原料合理搭配，更能充分发挥营养互补作用，平衡各营养素的比例，提高营养物质利用率，保证饲料的全价性。

山羊的生理特性决定了在全混合颗粒饲料配方设计时可以选择粗纤维含量丰富的饲料原料。因地制宜、因时而异地选择一些资源丰富、价格低、有一定营养价值的饲料原料，如青干草、农作物秸秆、树叶等，特别是充分利用当地农副产品及下脚料等，可以有效降低饲料生产成本。

山羊的全混合颗粒饲料配制应以农作物秸秆、干青草、农副产品等干粗饲料及玉米、豆粕等精饲料及各种营养性添加剂为主，也可添加少量青贮饲料、新鲜的糟渣类饲料等水分含量较高的饲料，但是应保证生产出的全混合颗粒饲料水分含量不高于12.5%。

选择饲料原料时，不能只看价格，更要计算主要营养成分的价格，即考虑饲料原料的性价比。产品质量好的饲料，价格一般比较高。有的原料价格低廉但是营养价值低或可消化利用率低，这样的原料配制出的饲料会造成山羊营养摄入不足、生长缓慢，甚至腹泻，从而造成养殖成本增加。

（三）不同季节、不同地区制定不同配方

高温季节或南方地区，山羊易产生热应激；在寒冷地区或寒冷季节，山羊易产生冷应激；这些应激会极大影响山羊的生理状况，降低其生产效率，所以日粮配方要根据具体情况进行相应调整，采用营养手段进行调控，减少应激的发生，提高羊的生产效率。

（四）合理的饲料加工工艺

将饲料原料进行合理细度破碎，可以防止山羊挑食，确保采食量与摄取的营养水平一致，防止代谢病的发生，提高饲料报酬。山羊饲料粉碎粒度最好为2～3mm。合理破碎细度能提高加工效率、降低加工成本。饲料加工过程中充分的调质能够掩盖饲料中适口性较差的工业副产品或添加剂的不良影响，使原料的选择更具灵活性，可充分利用廉价饲料资源。

三、山羊饲料配方设计的注意事项

（一）日粮的采食量

山羊全混合饲料配方营养浓度是基于日粮的采食量设计的，预估的采食量过大，动物采食量不够，造成每天的营养摄入量不足，达不到预期生长要求。

日粮的采食量常规情况下是以干物质的采食量为准的。如果使用了含水量较高的原料如青贮玉米、鲜酒糟等，一定要实际观察动物的采食情况，因为即使配方设计时考虑了干物质的采食量，也会存在山羊采食量不够的问题，我们需要及时对含水量较高的原料用量进行调整，保证山羊的采食量，每日摄入足够的营养。

设计山羊日粮配方时，不但要把配方日采食蛋白、日采食的能量等设计足够，还要注意干物质的采食量体积。干物质的采食量、日采食蛋白、日采食的能量等参数同等重要。

（二）饲料日粮能氮平衡计算

计算饲料中瘤胃能量和降解蛋白的含量，使之达到平衡状态，叫做能氮平衡。为了使日粮的配合更合理，以便同时满足瘤胃微生物对可发酵有机物（FOM）和瘤胃降解蛋白质（RDP）的需要，提出能氮平衡原理和计算方法。

瘤胃能氮平衡（RENB）=FOM评定瘤胃微生物蛋白质量−RDP评定瘤胃微生物蛋白质量

能氮平衡计算时，1kg的瘤胃可发酵有机物质（FOM）可以转换136g的降解蛋白。

能氮平衡值=0或接近于0，表明平衡良好，降解蛋白被高效利用，可消化蛋白高；能氮平衡值>0，这个值过于大，代表瘤胃能量供给太高了会形成瘤胃酸中毒，山羊会出现毛边疣、腐蹄病和趾间皮炎以及消瘦、不爱采食等问题，严重酸中毒可能导致山羊的死亡，应增加RDP值；能氮平衡值<0，这个值太低，说明降解蛋白供应量太高而瘤胃能量供应不足，严重的情况下就形成了瘤胃碱中毒，应增加FOM值。碱中毒后，山羊常会出现尿结石、骨软症、酮病、乳房炎或子宫内膜炎等疾病，以及食欲减退或废绝，瘤胃蠕动减弱，发生瘤胃臌气，泌乳量明显减少，伴发腹泻和呼出气有腐败臭气味等问题。

（三）合理利用尿素及各种添加剂

添加尿素的全混合颗粒饲料配方中的饲料原料应以高能量、低瘤胃降解蛋白为好，尽量实现能量和氨释放同步。高能量可确保瘤胃合成菌体蛋白的需要，而低瘤胃降解蛋白的原料，在瘤胃中由于它们分解成的氨数量少，细菌就能充分利用添加的尿素等非蛋白氮（NPN）作合成菌体蛋白的原料，减少优质蛋白质和氨基酸在瘤胃中的降解。

为此，可以在日粮配制中适当加入分解利用快的能量饲料，如淀粉、糖分高的饲料（糖蜜）、玉米等；适当减慢NPN的分解速度，多使用缩二脲等降解速度慢的NPN或缩二脲蜜与尿素混喂；采用特殊加工处理过的新型饲料添加剂，如将尿素与脂肪等物质共同加工而成的脂肪酸尿素等。

饲料中需要添加尿素等非蛋白氮饲料的量，通过计算能氮平衡，很容易就计算出来。适量添加非蛋白氮饲料，山羊既不会中毒，而且尿素分解出的氮可以非常高效地转化成菌体蛋白。

（四）选择过瘤胃蛋白、氨基酸等原料，提高饲料利用率

山羊全混合饲料需要计算过瘤胃情况，假如两个山羊饲料中蛋白质含量都是13%，但是过瘤胃情况不同，养殖效果差别是很大的。山羊日粮中赖氨酸：蛋氨酸=3：1时随尿排出的营养最小，养殖效果最好。这里的氨基酸是指过瘤胃氨基酸，含量是指可代谢蛋白中的氨基酸含量，而不是日粮总的氨基酸含量。

所谓"过瘤胃饲养技术"就是将一些优质蛋白质、氨基酸或脂肪、单糖等营养物质，采用一些方法，将其保护起来或使之迅速通过瘤胃，减少其被瘤胃微生物的分解破坏，而直接进入真胃和肠等后消化道被消化吸收，从而提高饲料利用率。过瘤胃饲养的方法主要有化学或物理保护法，常见的有保护蛋白质过瘤胃技术、保护氨基酸过瘤胃技术、保护胆碱过瘤胃技术、淀粉饲料过瘤胃技术等。下面以蛋白质为例介绍如何过瘤胃保护。首先要选择天然的过瘤胃蛋白质。过瘤胃蛋白质在饲料中是天然存在的，但是不同原料或不同加工工艺导致其含量不同。例如不同牧草的过瘤胃蛋白质含量因生长阶段和环境条件而变动很大；饼粕类由于溶剂浸出和压榨法制油过程中的热处理使其中过瘤胃蛋白质的含量有所差异。饲料原料在加工过程中，可以通过各种物理方法如制粒、压饼、胶囊化等处理而形成过瘤胃蛋白质，从而改变消化方式，提高对日粮蛋白质的保护作用。另外采用添加单宁、甲醛、戊二醛、乙二醛等物质，通过化学处理保护蛋白质，也可使之免遭瘤胃微生物发酵。

（五）应用缓冲剂和天然矿石，注意电解质酸碱平衡

山羊饲喂精料型日粮，会导致瘤胃微生物发酵类型由"乙酸发酵"转变为"丙酸发酵"，从而形成过多的酸，造成瘤胃液pH值下降，影响瘤胃正常发酵，甚至造成酸中毒。为此，常添加碳酸氢钠和氧化镁等缓冲剂，中和过多的酸，使瘤胃pH值保持在正常范围内（5.5~7.5，经常维持在6~7）。缓冲剂的用量和使用方法应视瘤胃中pH值下降程度而定。例如，日粮中青贮饲料用量占60%，其碳酸氢钠用量应增加到1.5%；长期喂给大剂量（5%）碳酸氢钠，对瘤胃消化不利。应用缓冲剂的效果，一

定要在饲喂精料型日粮，瘤胃pH值下降的条件下才会显现。

（六）注意不同原料的配伍及禁忌

合理的选择多种饲料原料进行搭配，精粗配比适宜，饲草一定要有两种或两种以上，精料种类3～5种，使营养成分全面，饲料搭配应注意原料必须有利于适口性的改善和消化率的提高。如酸性饲料（青贮、糟渣等）与碱性饲料（碱化或氨化秸秆等）搭配。

注意饲料的适口性和原料的质量；考虑各原料适口性和消化率的提高；如果只是配方的营养水平达到了，但是饲料的适口性很差，羊只就会采食很少或者干脆拒食，不能达到预期营养摄入量，造成生长发育状况不理想。所以选择原料的时候一定要选择适口性好，新鲜无变质的原料。饲料做出来后要检验一下饲料的色泽、气味是否达到标准。矿物质元素、光线、温度、饲料原料等都会影响维生素的生物活性，使用维生素添加剂预混料时一定要注意保质期。

山羊全混合日粮中矿物元素等的补充十分重要。按瘤胃微生物最大生长和保持瘤胃内环境所需的矿物微量元素，以预混料形式添加。

（七）不同气候温度条件下，采用相应的营养调控措施

在不同温度条件下，山羊所需要的能量不尽相同，在气温升高或降低的条件下可通过提高日粮中能量水平等营养调控措施来调整采食量，以满足山羊生产的需求。高温季节或地区，在热应激条件下，羊采食量下降，为减轻热应激、降低日粮的热增耗而保持净能不变，在做日粮调整时，可以提高日粮能量浓度和可消化氨基酸水平，应减少粗饲料含量，保持较高浓度的脂肪、粗蛋白和维生素，以平衡生理上需要，解决山羊因为采食量降低而导致的营养摄入量不足的问题。但同时要注意粗蛋白饲料的添加量不宜过高，应维持羊瘤胃pH值在正常水平，防止酸中毒。在寒冷地区或寒冷季节，为减轻冷应激，在日粮中应添加热能较高的饲料原料、氨基酸、维生素、矿物质等来减少冷应激对生长发育的负面影响。饲料可添加一部分脂肪，替代部分碳水化合物，以促进体脂沉积，因为山羊体内脂肪的沉积能起到很好的耐寒保温的作用。

（八）防止配方失真

原料实际品质、实际加工过程与预期的理论分析存在差异会导致成品不能如实反映配方的品质，使配方失真，这种现象较为常见。一般地，造成配方失真的原因大体上有以下几种。

1. 原料的实际营养成分含量与预期值有所差异

不同批次的同种饲料原料的营养成分含量会有所不同。由于产地、环境、收获时

间、加工、贮运方式、水分、霉变程度等的不同，同一种原料的营养成分会有很大差异。设计配方时要尽可能采用各种原料的准确营养成分含量数据。例如豆粕的蛋白质含量可能是40%、43%或者46%；玉米是能量饲料，一般来讲东北玉米蛋白质含量比较低，河南、河北玉米蛋白质含量比较高，玉米在饲料配方中用的比例很大，如果蛋白质计算时低一个百分点或者高一个百分点，将会对配方中营养成分和配方成本都有很大的影响。

另外，含水量高的饲料原料一定要折合成干物质，才能准确衡量其营养成分含量。例如按营养标准计算山羊配方时成本太高，能量水平需要添加大量的油脂才能达到，这种情况可能就是因为计算配方时没有将高水分含量的饲料原料折合成干物质进行计算。

2. 饲料加工等因素造成了产品不能如实反映配方的品质

饲料加工造成配方失真的因素也是多方面的，其中包括粉碎粒度、混合均匀度、配料精度等各方面的影响。例如混合均匀度的问题，添加某些药物或微量元素添加剂时，如果混合不均的话，可能会造成山羊出现摄入不足或者出现摄入量过大引起中毒的严重现象。加工时注意混匀度和配料精度，准确称量、逐级稀释，这样才能保证添加剂混合均匀。

加工过程中原料损失会引起饲料实际营养含量低于配方的实际含量；加工导致的原料水分损失会引起饲料中的营养成分高于配方中营养成分；所以饲料配制出来之后检测分析其营养成分含量才能确定其配方是否失真。

第二节　山羊全混合颗粒饲料的配制方法

山羊全混合颗粒饲料的配制首先应进行全混合日粮的配方设计，可以使用各种配方软件，也可以通过手工计算法计算，不同方法的基本原理相同，都是通过规划计算出各种饲料原料用量比例。设计出全混合日粮的配方，再使用全混合颗粒饲料生产线将其加工成颗粒型饲料。

本节主要介绍利用Office办公软件中的Excel电子表格进行全混合日粮配方设计的简单方法。该方法通过先查出山羊饲养标准和各饲料原料的营养成分，并将相关数据输入Excel表格中，进行计算代码设置后，只需输入各饲料原料的百分比，就可以计算出全混合日粮的营养含量。以25kg育肥山羊的全混合日粮的配方设计为例，将该方法具体介绍如下。

第一步，根据羊的品种、性别、生理阶段等，查找选择相应的饲养标准。本例中，选择NY/T 816—2004肉羊饲养标准中25kg育肥山羊日增重0.2kg每日营养需要量，如表5-1所示。

表5-1　25kg育肥山羊日增重0.2kg每日营养需要量

项目	每天干物质进食量（DMI）（kg/d）	消化能（DE）（MJ/d）	粗蛋白（CP）（g/d）	钙（Ca）（g/d）	总磷（TP）（g/d）	食用盐（NaCl）（g/d）
营养需要量	0.81	9.31	91	8.8	5.9	4.0

第二步，根据《中国饲料原料成分及营养价值表》（2014），查找所选饲料原料所能提供的营养成分，如表5-2所示。如果有条件对饲料原料进行营养物质含量检测分析，配方设计时可以使用实际检测值，能更好地减少误差，使配方更接近理论值。

表5-2　饲料原料营养成分

饲料原料名称	干物质（DM）（％）	羊消化能（DE）（MJ/kg）	粗蛋白（CP）（％）	钙（Ca）（％）	总磷（P）（％）	食盐（％）
玉米	86.0	14.27	8.5	0.16	0.25	0.00
豆粕	89.0	14.3	44.2	0.3	0.6	0.00
菜籽饼	88.0	13.14	35.7	0.59	0.96	0.00
苜蓿草粉	87.00	9.58	17.2	1.52	0.22	0.00
玉米秸秆（成熟期）	80.00	2.13	5.00	0.35	0.19	0.00
磷酸氢钙	96.0	0.0	0.0	29.6	22.8	0.0
石粉	97.0	0.0	0.0	35.8	0.0	0.0
食盐	97.0	0.0	0.0	0.0	0.0	97.0

第三步，建立Excel表格，将表5-1和表5-2的数据按照图5-1的形式输入到Excel表格中。

其中，A2至A10栏是配方设计所用各种饲料原材料的名称；H2至H10栏是待设计配方所用各种原材料的计算配比值（％）。H11栏是配方中各原料的用量总和。选定H2至H10栏，将其设置成蓝色或其他色，加粗字体，以便计算出配比结果后观察更醒目。

C13至G13是所设计配合饲料配方所选用的标准。该标准可以是《饲养标准》、《产品标准》、国家标准、地方标准、企业标准或自定标准，可根据需要修改或增减。本例中，选择NY/T 816—2004中25kg育肥山羊日增重0.2kg每日营养需要量。选定B13至G13栏，将其设置成红色或其他色，加粗字体，以便与配方计算出的营养成分对比时观察更醒目。

B2至G10区域栏是所用饲料原料营养成分的含量，数据来源于《中国饲料成分及营养价值表》或实测。B11至G11栏是根据每种原料的用量所计算出的TMR日粮饲料配方中各营养成分含量的合计。

A12栏为根据每日采食量计算出的羊只摄入的营养物质量。B12栏的值设定为饲养标准中推荐的羊只采食量值或实际采食量，本例中设定为0.81kg。C12至G12栏为根据采食量和日粮中的营养元素含量计算出的羊只摄入的各营养物质量。

I2至I10栏是所用饲料原料的价格（元/kg），为购买的实际价格。I11栏为配方成本价格。

	A	B	C	D	E	F	G	H	I
1	饲料原料名称	干物质DM（%）	羊消化能DE MJ/kg	粗蛋白CP（%）	钙Ca（%）	总磷P（%）	食盐（%）	TMR日粮中配比（%）	价格（元/kg）
2	玉米	86.0	14.27	8.5	0.16	0.25	0.00		
3	豆粕	89.0	14.3	44.2	0.3	0.6	0.00		
4	菜籽饼	88.0	13.14	35.7	0.59	0.96	0.00		
5	苜蓿草粉	87.00	9.58	17.2	1.52	0.22	0.00		
6	玉米秸秆,成熟期	80.0	2.13	5.00	0.35	0.19	0.00		
7	磷酸氢钙	96.0	0.0	0.0	29.6	22.8	0.0		
8	石粉	97.0	0.0	0.0	35.8	0.0	0.0		
9	食盐	97.0	0.0	0.0	0.0	0.0	97.0		
10	维生素预混料	96.0	0.0	0.0	0.0	0.0	0.0		
11	TMR日粮中营养成分含量								
12	每日采食量以0.81kg计，摄入总营养物质								
13	饲养标准	0.81	9.31	91.00	8.80	5.90	4.00		
14			消化能DE（MJ/d）	粗蛋白质CP(g/d)	钙Ca（g/d）	总磷TP（g/d）	食用盐NaCl(g/d)		

图5-1　Excel制作山羊全混合日粮配方示例

第四步，设置计算代码。

H11栏是设定计算代码后，由程序自动计算出的每种原料用量（配比）的总和，配方设计完成时该值应达到100。如图5-2所示，鼠标定位在H11栏中，用键盘输入"=SUM（H2∶H10）"代码（注意英文状态下输入，引号不用输入，下同），按回车键确定。

将鼠标定位在B11单元格中输入"=（B2*H2+B3*H3+B4*H4+B5*H5+B6*H6+B7*H7+B8*H8+B9*H9+B10*H10）/100"，按回车键确定；同样在C11、D11、E11、F11、G11、H11、I11、J11单元格中分别输入如下代码，分别按回车键确定：

=（C2*H2+C3*H3+C4*H4+C5*H5+C6*H6+C7*H7+C8*H8+C9*H9+C10*H10）/100

=（D2*H2+D3*H3+D4*H4+D5*H5+D6*H6+D7*H7+D8*H8+D9*H9+D10*H10）/100

＝（E2*H2＋E3*H3＋E4*H4＋E5*H5＋E6*H6＋E7*H7＋E8*H8＋E9*H9＋E10*H10）/100

＝（F2*H2＋F3*H3＋F4*H4＋F5*H5＋F6*H6＋F7*H7＋F8*H8＋F9*H9＋F10*H10）/100

＝（G2*H2＋G3*H3＋G4*H4＋G5*H5＋G6*H6＋G7*H7＋G8*H8＋G9*H9＋G10*H10）/100

或者用自动句柄填充功能的简便方法，将鼠标定位在B11单元格中输入"=（B2*$H2＋B3*$H3＋B4*$H4＋B5*$H5＋B6*$H6＋B7*$H7＋B8*$H8＋B9*$H9＋B10*$H10）/100"，按回车键确定；将鼠标定位在B11单元格选定后，然后将光标置于B11单元格右下角，待光标变为黑色实心十字后，按住鼠标左键向右拖动直至G11后松开鼠标左键，则B11至G11栏中均输入计算代码。

在B11、C11、D11、E11、F11、G11、H11、I11、J11单元格中按照上述方法输入代码，这些单元格中都会显示数字"0"，这是因为各饲料原料的百分比含量还没有确定，还未在相应的单元格中输入各饲料原料的百分比数。

I2至I10栏是所用饲料原料的价格（元/kg），为购买的实际价格。I11栏是根据每种原料的用量（配比）和价格，由程序自动计算出的饲料总成本（元/kg）。在I11栏输入"=（I2*H2＋I3*H3＋I4*H4＋I5*H5＋I6*H6＋I7*H7＋I8*H8＋I9*H9＋I10*H10）/100"。选定I11栏，将其设置成蓝色或其他色，加粗字体，以便计算出配比结果后观察更醒目。

C12单元格中输入代码"=（$B12*100/$B11）*C11"；在D12、E12、F12、G12单元格中分别输入代码"=$B12/$B11*D11*1 000"、"=$B12/$B11*E11*1 000"、"=$B12/$B11*F11*1 000"、"=$B12/$B11*G11*1 000"。

第五步，确定羊每日的喂料量，对日粮配方进行试配。

不同品种、生理阶段和养殖目标的羊采食量不同，而且不同饲料原料含水量差异较大，导致羊采食的干物质量与理想值会有差异。在设计TMR日粮配方时，首先要确定羊每日的喂料量，将喂料量数值填写在B12栏内。本例中，设定羊只日采食量为0.81kg。

再根据各类饲料原料在配合饲料中的经验比例含量（图5-2），在H2至H10栏内逐步调整精饲料和粗饲料配比，C12至G12栏内会自动计算出所能提供的营养素数量。

再利用试差法原理调整配方，使配方中粗蛋白含量和其他各营养成分含量基本符合饲养标准。所谓试差法是比较常用的一种饲料配方设计方法，它是将各种饲料原料先试定一个大概比例（其比例往往是根据经验或某一单位的配方），计算其中的各种营养成分，然后与饲养标准相比较，如某一项或一部分营养不足或过多，再进行饲料比例调整，再计算直达到饲养标准要求为止。配方设计完成时Excel表格中H11栏值应达到100，第12行数值和第13行数值应当接近。

饲料原料名称	干物质DM（%）	羊消化能DE MJ/kg	粗蛋白CP（%）	钙Ca（%）	总磷P（%）	食盐（%）	TMR日粮中配比（%）	价格（元/kg）
玉米	86.0	14.27	8.5	0.16	0.25	0.00	50.00	2
豆粕	89.0	14.3	44.2	0.3	0.6	0.00	1.00	3.6
菜籽饼	88.0	13.14	35.7	0.59	0.96	0.00	5.67	2.3
苜蓿草粉	87.00	9.58	17.2	1.52	0.22	0.00	10.00	1.6
玉米秸秆,成熟期	80.00	2.13	5.00	0.35	0.19	0.00	30.00	0.2
磷酸氢钙	96.0	0.0	0.0	29.6	22.8	0.00	1.50	1.6
石粉	97.0	0.0	0.0	35.8	0.0	0.0	0.40	1
食盐	97.0	0.0	0.0	0.0	0.0	97.0	0.43	1
维生素预混料	96.0	0.0	0.0	0.0	0.0	0.00	1.00	3
TMR日粮中营养成分含量	84.8	9.6	9.9	1.0	0.6	0.4	100.00	1.45
每日采食量以0.81kg计，摄入总营养物质	0.81	9.2	94.9	9.2	5.8	4.0		
饲养标准	0.81	9.31	91.00	8.80	5.90	4.00		
		消化能DE（MJ/d）	粗蛋白质CP(g/d)	钙Ca（g/d）	总磷TP（g/d）	食用盐NaCl(g/d)		

图5-2　Excel制作山羊全混合日粮配方示例

第六步，增减配方中饲料原料组成，修改饲料配方。

在TMR日粮实际设计配方时，受使用效果、季节、成本等因素影响，配方中所使用的原料组成经常有变化。

一般来讲，做配方时，青干草或青贮原料要区分豆科与禾本科，饲草要有2种或2种以上，精料种类3～5种，才能保证营养全面。粗饲料用量要大于50%。通过添加矿物质饲料原料、食盐、维生素和不同类型预混料等，调整日粮中钙、磷、微量元素、维生素和食盐含量，达到与所选饲养标准基本一致，满足羊的营养需要。

上例中选用了8种饲料原料和1种维生素预混料来配制TMR日粮。下面就讲一下如何在配方中增加饲料原料品种。例如，要在配方中增加一种原料青贮玉米。首先，在A2至A10之间任选一栏，点右键选择插入整行。本例中选择A7栏，插入整行后，将青贮玉米的相应营养成分数值录入，如图5-3所示。

饲料原料名称	干物质DM（%）	羊消化能DE MJ/kg	粗蛋白CP（%）	钙Ca（%）	总磷P（%）	食盐（%）	TMR日粮中配比（%）	价格（元/kg）
玉米	86.0	14.27	8.5	0.16	0.25	0.00	50.00	2
豆粕	89.0	14.3	44.2	0.3	0.6	0.00	1.00	3.6
菜籽饼	88.0	13.14	35.7	0.59	0.96	0.00	5.67	2.3
苜蓿草粉	87.00	9.58	17.2	1.52	0.22	0.00	10.00	1.6
玉米秸秆,成熟期	80.00	2.13	5.00	0.35	0.19	0.00	30.00	0.2
玉米青贮,成熟期	34.00	4.35	8.00	0.28	0.23	0.00		0.4
磷酸氢钙	96.0	0.0	0.0	29.6	22.8	0.0	1.50	1.6
石粉	97.0	0.0	0.0	35.8	0.0	0.0	0.40	1
食盐	97.0	0.0	0.0	0.0	0.0	97.0	0.43	1
维生素预混料	96.0	0.0	0.0	0.0	0.0	0.00	1.00	3
TMR日粮中营养成分含量	84.8	9.6	9.9	1.0	0.6	0.4	100.00	1.45
每日采食量以0.81kg计，摄入总营养物质	0.81	9.2	94.9	9.2	5.8	4.0		
饲养标准	0.81	9.31	91.00	8.80	5.90	4.00		
		消化能DE（MJ/d）	粗蛋白质CP(g/d)	钙Ca（g/d）	总磷TP（g/d）	食用盐NaCl(g/d)		

图5-3　Excel制作山羊全混合日粮配方示例

在B12至G12和I12单元格中分别输入如下代码，分别按回车键确定：

＝（C2*H2+C3*H3+C4*H4+C5*H5+C6*H6+C7*H7+C8*H8+C9*H9+C10*H10+C11*H11）/100

＝（D2*H2+D3*H3+D4*H4+D5*H5+D6*H6+D7*H7+D8*H8+D9*H9+D10*H10+D11*H11）/100

＝（E2*H2+E3*H3+E4*H4+E5*H5+E6*H6+E7*H7+E8*H8+E9*H9+E10*H10+E11*H11）/100

＝（F2*H2+F3*H3+F4*H4+F5*H5+F6*H6+F7*H7+F8*H8+F9*H9+F10*H10+F11*H11）/100

＝（G2*H2+G3*H3+G4*H4+G5*H5+G6*H6+G7*H7+G8*H8+G9*H9+G10*H10+G11*H11）/100

＝（I2*H2+I3*H3+I4*H4+I5*H5+I6*H6+I7*H7+I8*H8+I9*H9+I10*H10+I11*H11）/100

如果在第四步设置计算代码时，使用了自动句柄填充功能的简便方法，则本步骤中的各代码均无须改变。

在H2至H11栏中调整各原料组成比例，直至各营养成分达到与所选饲养标准基本一致，如图5-4所示，可以看到，各原料配比有所变化，成本也有所下降。

	A	B	C	D	E	F	G	H	I
1	饲料原料名称	干物质DM（%）	羊消化能DE MJ/kg	粗蛋白CP（%）	钙Ca（%）	总磷P（%）	食盐（%）	TMR日粮中配比（%）	价格（元/kg）
2	玉米	86.0	14.27	8.5	0.16	0.25	0.00	41.34	2
3	豆粕	89.0	14.3	44.2	0.3	0.6	0.00	2.00	3.6
4	菜籽饼	88.0	13.14	35.7	0.59	0.96	0.00	2.00	2.3
5	苜蓿草粉	87.00	9.58	17.2	1.52	0.22	0.00	12.00	1.6
6	玉米秸秆,成熟期	80.00	2.13	5.00	0.35	0.19	0.00	25.00	0.2
7	玉米青贮,成熟期	34.00	4.35	8.00	0.28	0.23	0.00	15.00	0.4
8	磷酸氢钙	96.0	0.0	0.0	29.6	22.8	0.0	1.30	1.6
9	石粉	97.0	0.0	0.0	35.8	0.0	0.0	0.00	1
10	食盐	97.0	0.0	0.0	0.0	0.0	97.0	0.36	1
11	维生素预混料	98.0	0.0	0.0	0.0	0.0	0.0	1.00	3
12	TMR日粮中营养成分含量	72.1	8.1	8.4	0.7	0.5	0.3	100.00	1.24
13	每日采食量以0.81kg计，摄入总营养物质	0.81	9.1	94.7	8.3	5.7	3.9		
14	饲养标准	0.81	9.31	91.00	8.80	5.90	4.00		
15			消化能DE（MJ/d）	粗蛋白质CP（g/d）	钙Ca（g/d）	总磷TP（g/d）	食用盐NaClg/d）		

图5-4　Excel制作山羊全混合日粮配方示例

在设计TMR日粮配方时，有时会减少某个配方原料，这时，只要把该原料的配比设置为0，或者用鼠标选定该原料所在电子栏后点击鼠标右键，选择"删除"即可。然后再逐步进行日粮中各原料组成配比的调试。

总之，Excel表格自制饲料配方时需灵活应用，同时要注意饲料的适口性，山羊TMR日粮饲料中粗饲料原料比例大，配制时要注意体积适中、营养适宜。

第六章　山羊全混合颗粒饲料生产方法

第一节　常用粗饲料的干燥技术

全混合颗粒饲料是在全混合日粮的基础上使用颗粒饲料生产线，将其加工成颗粒型的全价饲料。水分含量较低的原料是全混合颗粒饲料最适宜使用的饲料原料。青饲料、青贮饲料、秸秆和农副产品等水分较大的原料最好通过烘干或晒干大幅度降低水分后再使用。下面首先介绍常见青粗饲料的干燥方法。

新鲜青粗饲料水分含量较高，通常在50%~90%，经过干燥达到贮存条件的青粗饲料含水量为15%~18%。为减少青粗饲料在干燥过程中营养物质的损失，必须将植物体内的水分快速散失，促进植物细胞快速死亡，停止细胞的呼吸，减少营养物质的分解损失和外界因素造成的损失。青粗饲料的干燥通常分为两种。

一、自然干燥

自然干燥法操作简单、成本低，不需要特殊的设备，是我国目前采用的主要干燥方法。但易受天气条件的限制，效率低、制作的干草质量差。常见的自然干燥方式有地面干燥、草架干燥和发酵干燥3种。

1. 地面干燥法

地面干燥是最常见的秸秆干燥方式之一，在田间地头将收获完的青粗饲料在原地或地势较高的地方平放地面，自然晾晒，根据天气条件和青粗饲料的含水量进行适当的翻晒。

2. 草架干燥法

在多雨地区青粗饲料收割时，用地面干燥法调质不易成功，可以在专门制作的干草架上进行调质。干草架主要有独木架、三角架、铁丝长架和棚架等。将刈割后的青粗饲料自上而下地置于草架上，厚度不超过70cm，保持蓬松，有一定的斜度，以利采光和排水。草架干燥虽花费一定成本和劳力，但所得干草品质较好，养分损失比地面干燥可减少5%～10%。

3. 发酵干燥法

阴湿多雨地区，光照时间短，光照强度小，不能用普通方法调质青粗饲料时，可用发酵干燥法调质。将刈割的青粗饲料平铺，经过短时间的风干，当水分降低到50%时分层堆积成3～5m高的草垛，逐层压实，表层用土或地膜覆盖，使青粗饲料迅速发热，经2～3d草垛内的温度上升到60～70℃时，打开草垛，随着发酵热量的散失，经风干或晒干，制成褐色干草，略具发酵的芳香酸味，家畜喜食。如遇阴雨连绵天气无法晾晒时，可堆放1～2个月，一旦无雨马上晾晒，较容易干燥。褐色干草发酵过程中由于温度的升高，造成营养物质的损失，对无氮浸出物的影响最大，损失可达40%，其养分的消化率也随之降低。

二、人工干燥

人工干燥是利用各种能源，如常温鼓风、热空气、太阳能加热灯等干燥设备，进行人工脱水干燥而成。虽然干燥速度快，可减少营养成分的损失，但成本较高。

1. 常温通风干燥法

先建一个干燥草库，库房内设置大功率鼓风机若干台，地面安置通风管道，管道上设通气孔，将需干燥的青粗饲料，刈割压扁后，在田间干燥至含水量40%～65%时运往草库，堆在通风管上，开动鼓风机完成干燥。

2. 低温烘干法

先建造饲料作物干燥室、空气预热锅炉，设置鼓风机和饲草传送设备；用煤或电做能量将空气加热到50～70℃或120～150℃，鼓入干燥室；利用热气流经数小时完成干燥。浅箱式干燥机日加工能力为2 000～3 000kg干草，传送带式干燥机每小时加工200～1 000kg干草。

3. 高温快速干燥法

利用高温气流（温度为500～1 000℃），将饲料作物水分含量在数分钟甚至数秒钟内降到14%～15%。

三、青粗饲料干燥过程中水分含量的估测方法

干燥的青粗饲料要求水分含量在14%～17%，过高或过低都会影响青粗饲料的品质。在生产实践中通常采用感官法估测青粗饲料的水分含量。

1. 经验估测

抓一把切碎的青粗饲料，在手里紧握1min，然后松开，观察饲料球状况，判断其含水量。若手心有潮湿感觉，手松开后，饲料球慢慢均匀散开，指缝间无水分溢出，说明水分含量在60%左右。

取一束晒制干草于手中，用力拧扭，此时草束虽能拧成绳，但不形成水滴，说明水分含量在40%左右。

取一束干草贴近脸颊，不觉凉爽，也不觉湿热；或将干草在手中轻轻摇动，可听到清脆的沙沙声；手工揉搓不能使其脆断，松开后干草不能很快自动松散，此时草的水分含量为14%~17%。若脸颊有凉感，抖动时听不到清脆的沙沙声，揉团后缺少弹性，松散慢，说明含水量在17%以上，应继续降低水分。

2. 使用微波炉测定

取微波炉方形保鲜盒或蒸笼盒，经微波炉干燥恒重后，冷却，称重。一次将约300g样品放入保鲜盒，随即称重，记录W_1。将装样品的保鲜盒放入微波炉，同时在微波炉中放一杯水，可用250ml烧杯（或其他玻璃无盖容器），充满度达75%，以保证微波炉内一定的湿润度，避免样品着火。开启微波炉，干燥10min（样品含水量为70%），称重，换水，再干燥5min（根据样品情况，时间不同）后称重，如有需要继续重复干燥几次，其间应及时给烧杯更换冷水。直至两次称重结果相差不超过0.05g时记录重量W_2，即可根据干燥前和干燥后的重量计算出水分含量。水分含量的计算公式为：水分含量（%）=100×（W_1-W_2）/W_1。

3. 利用水分测定仪测定

目前市场上有饲草专用电子水分测定仪出售，适用于成垛或成捆青粗饲料水分的测定。方法是将测定仪的探头插入草垛或草捆内部的不同部位，不同部位数据的平均值就代表了青粗饲料的含水量。

四、饲草干燥过程中的营养损失

干燥过程中除了植物体内部的生理生化变化会引起养分损失外，一些外部因素，如机械、暴晒、雨淋、微生物等都可以引起营养损失。

1. 机械损失

秸秆在晒制过程中，由于各部分的干燥速度不一样，因此在翻晒、搬运、堆垛等一系列作业过程中，叶片、嫩枝等部分因易脱落、折断而造成损失。一般禾本科秸秆损失在2%~5%，豆科秸秆损失较大，为15%~35%。机械损失的影响程度与植物种类、干燥的工艺等有关。为了减少损失，应在青粗饲料细嫩部不易脱落时堆垛进行干

.

燥，尽量减少搬运。

2. 暴晒损失

晒制过程中，阳光的直射使植物体内所含的胡萝卜素、叶绿素及维生素等造成破坏而损失，其损失程度与日晒强度、时间及调质方法有关。有研究表明，人工干燥胡萝卜素的损失量为15.6%，阴干干燥胡萝卜素的损失量为43.1%，平摊干燥胡萝卜素的损失量为86.3%。

3. 淋雨损失

秸秆水分含量高于40%时，细胞尚未死亡，此时被淋雨会延长干燥时间，从而因呼吸作用造成营养物质消耗增加。在含水量降到40%以下时，植物细胞死亡，细胞的原生质渗透性提高，淋雨会使可溶性营养物质损失增加，对饲草营养造成更大的危害。

4. 微生物发酵引发的损失

植物体内和表面存在大量的微生物，在细胞死亡后开始大量繁殖。微生物活动所需的植物最低含水量为25%～40%、最适气温为25～30℃、空气相对湿度为85%～90%或90%以上时，即可导致发霉。发霉后品质降低，水溶性糖和淀粉含量显著下降，发霉严重使脂肪含量下降，含氮物质总量也显著下降，蛋白质被分解成一些非蛋白质化合物，如氨、硫化氢、吲哚（有剧毒）等气体和一些有机酸，因其易导致山羊的肠胃病、流产等，所以发霉变质的青粗饲料不易饲喂山羊。

五、常见的干燥设备

表6-1列举了几种常见的干燥设备，通常以处理青粗饲料的量和能耗为参考依据，因地制宜，量力而行，选择适当的干燥设备。

表6-1　几种常见的干燥设备

机械加工	型号	参数	产地
干燥机组	绿宝A-1	总功率为60kW，配套热风炉为1.0×10^4MJ，产量2t/h	江苏
干燥机组	绿宝A-2	总功率为120kW，配套热风炉为2.5×10^4MJ，产量为5t/h	江苏
牧草干燥压块成套设备	9SJG系列	加工成本为180元/t	北京
牧草烘干机	9JH1000	蒸发水量为500kg/h	北京
牧草烘干机组	93QH300	生产能力为300kg/h	郑州
三级滚筒气流干燥机	SGQG	生产能力为300～3 000kg/h	四川

第二节 山羊全混合颗粒饲料生产工艺流程

山羊全混合颗粒饲料生产工艺流程主要包括原料的接收与储存、原料的粉碎、配料与混合、加工制粒、冷却打包等环节。

一、原料的接收与储存

原料的接收与储存就是将饲料厂或规模养羊场所需的各种原料经一定的程序，入库存放或直接投入使用的工艺过程。仓库的储存量一般应为饲料厂或规模养羊场生产能力的3~5倍。原料接收一般的程序为：原料运输—质量检测—计量称重—清理—计量—入库。

（一）原料接收与储存的任务

原料接收与储存的主要任务有准确计量饲料原料进厂的数量、品种和日期，正确取样并对样品进行初步快速检测，确定原料是否合格，对不合格原料提出意见，进行索赔或做退货处理，对合格原料入库储存。

（二）原料存储的规定

原料入库后应准确地标注原料的种类、数量、采购地、时间和采购人员。应准确地记录每次出库的数量及使用人。储存原料的库房要求能通风、防雨、防潮、防虫、防鼠及防腐等。存放微量元素、维生素、药品添加剂等原料库房除能通风、防雨、防潮、防虫、防鼠及防腐外，还要求防高温、避光。每日工作完毕后要对各个库房进行清扫、整理和检查，发现问题及时处理，不留质量隐患，定期对原料贮存场所进行消毒。坚持先进先出，推陈储新的原则。

二、原料的粉碎

粉碎是用机械的方法克服固体物料内聚力而使之破碎的一种操作。饲料原料的粉碎是饲料加工过程中最主要的工序之一。它是影响饲料质量、产量、电耗和加工成本的重要因素。因此，如何合理选用先进的粉碎设备、设计最佳的工艺路线、正确使用粉碎设备，对于饲料企业和养羊场至关重要。

（一）粉碎的目的与要求

饲料粉碎对饲料的可消化性和山羊的生产性能有明显的影响，对饲料加工过程与产品质量也有重要影响。适宜的粉碎粒度可以显著提高饲料的消化利用效率，减少山羊粪便的排泄量，提高山羊生产性能，并有利于饲料的混合、调质、制粒等工艺。不同生长阶段的山羊其所需的最适的饲料粉碎粒度也不同。

1. 粉碎目的

饲料粉碎后打开了物料的皮壳，使内部的营养物质暴露，同时可以增加饲料的表面积，使物料在山羊消化道内与消化液有更多的接触作用的机会，有利于山羊的消化和吸收，大量试验结果表明，减少颗粒尺寸，可以改善山羊对干物质、蛋白质和能量的消化和吸收，降低料肉比。

饲料粉碎后可以改善和提高物料的加工性能。通过粉碎可以使物料的粒度基本一致，减少混合均匀后的物料分级。对于微量元素和一些小组分物料，只有粉碎到一定的程度，保证其有足够的粒子数，才能满足混合均匀度的要求。

2. 粉碎粒度的要求

对于山羊不同的饲养阶段、不同的饲料原料，有着不同的粒度要求，而这种要求的差异也较大。在饲料加工的过程中，首先应满足山羊对饲料粒度的基本要求，之后再考虑其他指标。

（二）精饲料的粉碎

对于精饲料，一般采用锤片式粉碎机进行粉碎，降低粉碎粒度可以提高饲料的营养价值，即提高干物质、能量和蛋白质等的消化率和饲料转化效率。但是也不宜过细，否则会引起胃溃疡等消化道疾病。一般精饲料粉碎后过2～3.0mm筛片即可。

（三）粗饲料的粉碎

粗饲料的粉碎采用切刀与锤片结合式的草料专用粉碎机，粉碎效率较高。降低粗饲料的粉碎粒度同样可以提高饲料的营养价值，但是粗饲料粉碎耗能较大、成本较高，因此，不宜粉碎过细，一般粉碎粒度为已加工颗粒粒径的1～1.5倍即可。

三、配料

配料是指按照配方要求，将各个饲料原料准确称量，配料工序工作质量的好坏直接影响全混合颗粒饲料产品的配料精度，因此，配料是整个全混合颗粒饲料产品生产过程的核心，而准确的称量则是核心中的核心。

（一）饲料的配料计量

饲料的配料计量是按照预设的饲料配方要求，采用特定的配料计量系统，对不同的饲用原料进行投料及称量的工艺过程。经配制的物料送至混合设备进行搅拌混合，生产出营养成分和混合均匀度都符合产品标准的配合饲料。饲料配料计量系统指的是以配料秤为中心，包括配料仓、给料器、卸料机构等，实现物料的供给、称量和排料的循环系统。电子配料秤是现代饲料企业中最典型的配料计量秤。磅秤则是养殖企业自配料中使用最广泛的配料计量秤。

（二）配料生产工艺

设计合理的配料工艺流程，在于正确地选定配料计量装置的规格、数量，并使其与配料给料设备、混合机组等设备的组合充分协调。优化的配料工艺流程可保证配料的准确性、缩短配料周期，及有利于实现配料生产过程的自动化和生产管理的科学化。一般情况下，山羊全混合颗粒饲料配料投料顺序需按照干草、部分精饲料、添加剂、预混合饲料、剩余部分精饲料、水分含量略高的饲料（如配方中有）进行，投料顺序不同，生产出的全混合颗粒饲料品质也不同。

目前饲料企业和养殖场常用的配料生产工艺主要有人工添加配料、多仓一秤配料等。

1. 人工添加配料

人工控制添加配料多用于小型饲料加工厂和养殖场饲料加工车间，这种配料工艺是将参加配料的各种组分由人工称量，然后由人工将称量过的物料倾倒入混合机中。由于全部采用人工计量、人工配料、工艺较为简单，设备投资较少、产品成本较低、计量较为灵活、精确，但是人工操作环境较差，劳动强度大、劳动生产率低，尤其是操作工人长时间工作后，易出现差错。

2. 多仓一秤配料

多仓一秤配料适合中大型饲料加工企业，系统较为复杂，包括较多的设备，其主要设备有配料秤、喂料器、提升机、传送带、小料投放口、电控设备、其他的辅助设备等。优点是工艺简单，称重传感器反应速度快，提高称重速度；可电脑操作，较少出现错误配料的情况；使用电子秤作为配料秤，称量准确，误差小。计量称重少，设备的调节、维修及管理较为方便。但是也存在着配料秤周期相对较长，累积称量误差大，配料精度不稳定等缺点。

3. 配料仓及结拱

配料仓是清理粉碎工段至配料混合工段的中间料仓。其功能是存储各种饲用原料，使全混合颗粒饲料生产得以协调、连续的进行。物料在配料仓中的流动性，是配料仓性能的一个重要指标。实际生产中有的配料仓不能很好地排料，从而出现结拱现象，引起严重的堵塞，有的形成管斗（也叫鼠洞），使得料仓中大部分料不能排除，大大降低配料仓的储料功能，这种现象的出现在很大程度上是因为料仓内物料的流动性差所致。生产全混合颗粒饲料需使用大量的草粉、秸秆等青粗饲料，这类青粗饲料的流动性非常差，在配料仓中非常容易结拱，严重影响着饲料生产的效率。

（三）配料仓防拱技术

防拱目的就是防止结拱，宗旨是消除或削弱料拱线垂直面上的压力，减小物料之间，物料与仓壁之间的摩擦力，以及改善物料的流动性。防拱的技术较多，最主要的有以下几种。

1. 改变配料仓的内壁材料

采用超高分子量聚乙烯板等摩擦系数较小的、光滑的材料作为配料仓内壁材料可有效防拱，因为配料仓的内壁材料越光滑，物料与仓料的摩擦力就会越小，就越容易流动，从而一定程度上抑制结拱。

2. 改善配料仓外形结构

目前常见的配料仓外形结构有圆形、方形和矩形，在卸料截面积相同条件下，形状不同的仓卸料能力也不同。因为方形仓在交接处容易形成死角，而圆形的无此弊病，故圆形仓卸料能力最大，方形仓次之，矩形仓最小。

3. 卸料口的改善

满足设计工艺和加工工艺要求的前提下，料斗的倾角尽量大，出料口尺寸也可以适当增大，另外料斗出口的形状最好设计为长方形，因为长方形的出口比圆形的出口更不容易结拱。

4. 增加内部辅助装置

对于一些储料量较大的配料仓，通常在料斗的中下部加装改流体，它的作用就是改善料斗内粉体的流动形态，减轻物料对配料仓出口处的压力。改流体可以是水平的挡板、垂直的挡板或倾斜的挡板。由于水平的挡板上方会形成一个物料堆，时间长容易变质结块，为了防止这种情况发生，将挡板做成一个圆锥形，这就是常说的减压锥。减压锥下部会形成一个环形空间，可以减少物料的压力。垂直和倾斜的挡板可以消除部分物料间的横向压力，物料被分成几股料流，它们之间的摩擦力和剪切力减小。嵌入体的安装与固定方法可以用钢丝绳吊在配料仓上部的横梁上或用三脚架固定在漏斗斜壁上。该法仅适用于浅仓。保证仓底足够的倾斜角适当地加大仓底的倾斜角，有利于配料仓顺利出料。但若仓底太陡，黏性的出口偏侧配置的料仓，由于其出口偏侧配置至少利用了一侧直壁，这样就至少减少了由一侧所产生的结拱力，从而减少了结拱的可能性，使出口物料比较松散，有利于排出。如容量较大的配料仓可设2个或2个以上出口。

（四）破拱技术

破拱是在物料结拱之后，研究如何进行破拱，主要是借助外力把已结的拱从力学角度进行破碎。破拱装置的原理，主要是使仓壁振动而使物料运动，有的利用气力来破坏拱的形成，在使用时要注意使破拱装置的动作与卸料动作同时进行。破拱装置对破拱能起一定作用，但只能作辅助性措施。下面介绍几种主要的破拱措施，在生产中应结合实际情况选用合适的破拱方法。

1. 人工破拱法

人工破拱法，一般情况下是在料仓放料口的斜壁上预留若干个孔，一旦料仓起拱，即用工具插入仓内捅动，使料拱塌落。该方法最为原始，具有设计简单，费用低等优点，但破拱效果差，而且人工疏通劳动强度大，费时费力，影响生产进度，易污染环境，不能实现自动破拱，并且在疏通物料后，可能会有大量的物料下冲，存在很大的安全问题。

2. 振动法破拱

振动法破拱有两种基本形式，即振动仓壁和直接振动仓内的物料。振动仓壁就是将振动器安装在料仓锥体部分的仓壁上，对仓壁进行振动，达到防拱破拱及清仓的目的。例如，气动活塞振动器是用锤头振打仓壁的外表面；电磁振动器与其类似，两者均垂直于仓壁产生振动；偏心旋转振动器结构较为复杂，它是将高速旋转的偏心块产生的惯性力传递给仓壁使之产生振动，与其他类型振动器相比，其振幅小、频率高。直接振动仓内物料是指搅动仓料使其有较好的流动性，或给结拱的仓料某一方向上的力使拱破碎。例如，振动卸料器不但能够通过振动防拱破拱，而且在一定范围内可以通过改变工作参数来调节物料卸出量。需要注意的是，采用机械振动法破拱出仓时，振动器最好与配料仓闸门或给料机连锁起来，使振动器只在闸门打开时才工作。如果振动器在闸门关闭时工作，配料仓下部的物料可能会因受振而变得更加密实，使出仓更困难。

3. 流态化破拱

在配料仓的锥部内置多孔板，多孔板可以是金属、塑料、陶瓷、多层金属编制网、毡等材料，其尺寸和数量可根据实际情况选择。其工作原理是在物料排出时通气，使物料在出料口附近流态化以减少物料与仓内壁的摩擦作用，在排料时向贮仓内通气对减少颗粒间的作用力和颗粒对仓内壁的影响是非常有效的，可使物料更顺畅的流动。但是对不同的物料，需设定不同的压缩空气压力和送气量。如果控制不好，有可能会使物料过分流态化，其结果就是造成物料从配料仓出料口成不可控制的溢泻。

4. 空气破拱

在配料仓的锥部外壁上呈环状布置一排或几排喷嘴，压缩空气经电磁阀、过滤喷嘴进入仓内，然后改变方向，沿仓壁扩散，从而清扫仓壁，使结拱物料塌落。如果设置合理，破拱效果较好。否则，由于气量分配原因，有可能使得某些喷嘴不起作用，达不到破拱的效果。还可以将弹性气包安装在配料仓内壁上容易起拱的部位，间歇性地对气包充气，使气包膨胀（成为半球形或矩形），从而对物料施加推力，使料拱塌落。但这种推挤的方法有可能会将物料压实，反而形成更坚实的料拱。

四、混合

混合是将配料工序配好的一批物料中的各种原料组分及人工添加的各种微量组分混合均匀，达到所要求的混合均匀度。混合工序的关键设备是混合机，混合机质量好，可以保证在较短的时间内将饲料混合均匀，反之，一台质量低劣的混合机可能导致产品质量不佳。

（一）混合的过程

在搅拌和混合过程中，主要存在剪切混合、对流混合、扩散混合、冲击混合和粉碎混合的过程。

1. 剪切混合

在物料中彼此形成剪切面，使物料产生混合作用。

2. 对流混合

许多成团的物料在混合过程中从一处移向另一处，相互之间形成相对的流动。

3. 扩散混合

混合物料的颗粒，以单个粒子为单元向四周移动的扩散过程，这种移动往往是无规律的。

4. 冲击混合

当物料与机件壁壳碰击时，往往造成单个物料颗粒的分散。

5. 粉碎混合

混合物料之间的相互作用，形成变形或搓碎的结果。

一般地，混合的过程可以分为3个阶段，即颗粒成团的由物料中的一个部位呈层状向另一部位渗透滑移，不同配料颗粒越过新形成的分界面逐渐离散，在自重、离心力和静电的作用下，性状、大小和密度近似的颗粒将发生集聚。

（二）混合工艺

混合工艺是指将饲料配方中各组分原料经称重配料后，进入混合机进行均匀混合加工工艺方法和过程。一个混合周期包括配料秤下料时间、小料口放料时间、混合时间和卸料时间。一般地，对混合工艺的要求是混合周期短、混合质量高、出料快、残留率低、密闭性好及无外溢粉尘。

（三）混合效果

混合程度随着混合时间的增加，一直达到最佳混合均匀状态，即"动力学平衡"状态时，其所用的时间为最佳混合时间，混合达到最佳的混合效果。所用混合时间低于最佳混合时间，混合不均匀，而当物料已充分混合时，若再延长混合时间，物料同样会有分离的倾向，使混合均匀度降低，这种现象被称作"过度混合"。

（四）混合效果的认定

混合效果的认定一般使用"混合均匀度"这一指标来认定。

1. 混合均匀度的定义

混合均匀度是指饲料产品中各组分分布的均匀程度，即配合饲料中任意单位容积内所含某种组分的粒子数与其平均含量的接近程度。它是通过检验各组分在饲料产品中不同位置含量之间的差异，即变异系数来反映饲料的混合均匀度。

混合均匀度是确保配合饲料产品质量以提高饲养效果的重要指标，也是饲料生产厂家定期检测混合设备运转性能、确定最佳混合时间和修正工艺流程的重要依据之一。配合饲料的混合均匀度一般用变异系数来表示，如变异系数值越小，说明混合的均匀度越高。

2. 混合均匀度的测定方法

对于全混合颗粒饲料，精料补充饲料的混合均匀度测定方法主要有两种：氯离子选择电极法和甲基紫法，具体方法可参见中华人民共和国国家标准《饲料产品混合均匀度的测定》（GB/T 5918—2008）。

3. 影响混合均匀度的因素

影响配合饲料混合均匀度的主要因素有：混合机、被混合物料的主要物理特性、混合机的充填量、混合时间及具体的操作状况等。

（1）混合机对混合效果的影响。一般情况下，对混合机性能要求为：混合均匀度高，无死角，物料残留少；混合时间短，生产效率高，并与整个机组相配套（包括连接和功率配套）；结构简单坚固，门开关灵活，操作方便，便于检测取样和清洁清理；有合适的动力配套，在满载荷下可以正常工作以及在保证混合质量的前提下，能耗较低。

混合机的机型按不同的分类法可分成很多种，主要有卧式、立式、水平桨叶式、滚筒式、左右式、行星式、旋转容器式、"V"型、双锥型等，有间歇工作式（分批式）和连续工作式两种状态。不同类型的混合机也有不同的搅拌方式，而实践证明，某些混合对象（物料）在某种方式下的混合效果最好，所以要根据不同的混合对象及生产者本身要求达到的混合目标（效果）来选用不同类型的混合机。

桨叶式混合机较难将粉料混合的很均匀，但当饲料需添加糖蜜，并且添加量高达30%～40%时，用这种混合机来进行混合则是相当合适的；而双锥型混合机和V型混合机则分别比较适用于混合流动性较好和流动性较差的物料。如果被混合物料之间的粒度（粗细）较接近应选用立式混合机，而被混合物料之间的粒度差异较大时则选用卧式混合机（且不能用旋转容器式混合机）；如果要求残留量较少就应选用卧式或旋转容器式混合机。

混合效率的高低、混合时间的长短、混合速度的快慢，主要是由混合机的机型及其设备本身制造精度的高低决定的。一般来说，卧式混合机混合均匀所需要的时间相对短些，立式混合机则需时长些，当然，混合时间的长短还取决于原料的类型及其物理特性等其他因素。

（2）被混合物料的主要物理特性对混合效果的影响。被混物料之间的主要物理特性越接近，其分离倾向越小，越容易被混合均匀，混合效果越好，达到混合均匀所需的时间也越短。物理特性主要包括物料的粒度大小、形状、容重、表面粗糙度、流动特性、附着力、水分含量、脂肪含量、酸碱度等。水分含量高的物料颗粒容易结块或成团，不易均匀分散，混合效果难以令人满意，所以一般要求控制被混物料的水分含量不超过12%，而对吸湿性强的物料的混合，在不影响配方要求效果的情况下，必要时可以适量加入二氧化硅、沉淀碳酸钙等，有利于提高混合的效果。

饲料中有些添加剂在加入混合机前需用载体（或稀释剂）进行预混合，做成添加剂预混料，然后再按一定顺序加入混合机与其他组分进行混合。需要稀释的添加剂粒度一般都较细，因此要选择粒度和密度与之接近的载体。合适的载体包括常用的饲料组分，如大豆、麦麸、脱脂米糠等，一般选择粒度细、无粉尘，并对添加剂中的活性成分有亲合性的物料作为稀释剂（或载体），宜选择中性物料，有利于保持维生素和其他活性组分的稳定性。

（3）混合机充填量对混合效果的影响。混合机主要靠对流混合、扩散混合和剪切混合3种混合方式使物料在机内运动达到将物料混合均匀的目的，不论哪种类型的混合机，适宜的装料量是混合机正常工作并且得到预期效果的重要前提条件。若装料过多，会使混合机超负荷工作，更重要的是过多的装料量会影响机内物料的循环运动过程，从而造成混合质量的下降；若装料过少，则不能充分发挥混合机的效率，浪费能量，也不利于物料在混合机里的流动，而影响到混合质量。

各种类型的饲料混合机都有各自合理的充填系数，实验室和实践中已得出了它们各自较合理的充填系数，其中分批（间歇式）卧式螺带式混合机，其充填系数一般以

0.6～0.8为宜，物料位置最高不应超过其转子顶部的平面；分批立式螺旋混合机的充填系数一般控制在0.6～0.85；滚筒式混合机为0.4左右；行星式混合机为0.4～0.5；旋转容器式混合机为0.3～0.5；V型混合机为0.1～0.3；双锥型混合机为0.5～0.6。各种连续式混合机的充填系数不尽相同，一般控制在0.25～0.5，不要超过0.5。

（4）适宜的混合时间。在多数的全混合颗粒饲料生产线中，最常用的混合机基本都是间歇式的，而对于间歇式（分批式）混合机，还存在一个最佳混合时间的问题。混合时间过短，物料在混合机中得不到充分混合便被卸出，混合质量肯定得不到保证。但是，也并非混合时间越长，混合的效果就越好，试验证明，任何流动性好、粒度不均匀的物料都有分离的趋势，如果混合时间过长，物料在混合机中被过度混合就会造成分离，同样影响质量，且增加能耗。因为在物料的混合过程中，混合与分离是同时进行的，一旦混合作用与分离作用达到某一平衡状态，那么混合程度即已确定，即使继续混合，也不能提高混合效果，反而会因过度混合而产生分离。混合时间要根据混合机的机型及其制造水平、物料的物理特性及实际的检测结果等因素相结合来确定，与前述的单纯的机型本身所需时间的长短不是同一概念。混合机使用一段时间，各种参数可能会发生改变，所以要定期检查检测，根据检查结果来正确调整混合所需的时间。

（5）正确的操作。对添加剂预混料的制作，应按照从微量混合到小量混合到中量混合再到大量混合逐级扩大进行搅拌的方法。正确的物料添加顺序应该是：配比量大的组分先加入或大部分加入混合机内后，再将少量及微量组分加在它的上面；在各种物料中，一般是粒度大的组分先加入混合机，后加入粒度小的；物料之间的比重差异较大时，一般是先加入比重小的物料，后加入比重大的物料。

对于固定容器式混合机，应先启动混合机后再加料，防止出现满负荷启动现象，而且要先卸完料后才能停机；而旋转容器混合机则应先加料后启动，先停机，后卸料；对于V型混合机，加料时应分别从两个进料口进料。要采取措施尽量降低其他因素对已经完成混合物料的混合均匀度的影响：混合好的物料最好立即压制成颗粒，使物料的各种成分固定在颗粒中或直接装袋包装；避免或尽量减少混合好的物料的输送和落差；要把混合后的装卸工作减少到最小程度；尽量减少物料的下落、滚动或滑动；混合后的贮存仓应尽可能得小，混合后的输送设备最好是皮带输送机。

为确保混合质量，应定期检测混合机的运行性能，经常给轴承及各活动轴连接处加润滑油，及时维修和更换损耗件，根据均匀度的抽检结果来正确地确定最佳的混合时间。经常检查各开关的运转情况，清理机内杂物，清除门开关周围的残留物料，使门开关灵活，杜绝发生漏料的现象。

五、加工制粒

加工制粒是通过机械作用将单一原料或配合混合料压实并挤出模孔形成的颗粒状饲料。制粒的目的是将细碎的、易扬尘的、适口性差的和难以装运的饲料，利用制粒加工过程中的热量、水分和压力的作用制成颗粒饲料，可以改善饲料的适口性，降低料肉比，减少饲料浪费，降低环境污染。加工制粒工序包括调质和制粒两个过程。

（一）调质

调质是加工制粒工序过程中最重要的环节。调质工艺的好坏直接决定着颗粒饲料的质量。调质的目的是将混合工序混合好的干粉料调制成为具有一定水分、一定湿度，利于制粒的粉状饲料，目前我国的饲料厂都是通过加入蒸汽来完成调质过程。

所谓水蒸气调质就是通过水蒸气对混合粉状物料进行热湿作用，使物料中的淀粉糊化、蛋白质变性、物料软化以便于制粒机提高制粒的质量和效果，并改善饲料的适口性、稳定性、提高饲料的消化吸收率的单元操作。

1. 调质的意义

混合饲料经过调质可以提高制粒机的制粒能力；促进淀粉糊化和蛋白质变性，提高饲料消化率，改善颗粒产品质量，杀灭有害病菌，同时还有利于液体饲料原料的添加。

2. 调质的要求

（1）对原料粒度的要求。原料粉碎得太细或太粗，对制粒效率或颗粒料的质量都有不良影响。

（2）对蒸汽的要求。添加蒸汽比加水调质的效果好，所以生产中如有条件一定要使用饱和蒸汽对混合饲料进行调质。

（3）调质的温度和水分。蒸汽加入一般按制粒机最大生产率的4%～6%来计算蒸汽添加量。蒸汽添加量小，粉料糊化度低，产量低，压模、压辊磨损加剧，产品表面粗糙，粉化率高、电耗大。反之，则易堵塞模孔，影响颗粒饲料的质量。调质时间即混合饲料通过调质筒所需的时间，调质的时间越长其效果越好。

3. 中小型养殖场全混合颗粒饲料生产的调质

由于中小型养殖场自行生产全混合颗粒饲料，产能较低、产量较小，配备锅炉、调质器等蒸汽调质设备使用蒸汽调质成本过高，不适合使用蒸汽调质。因此，中小型养殖场自行生产全混合颗粒饲料如果不必要对混合饲料进行调质，直接进行制粒或者在混合饲料中喷洒温开水，将混合饲料中的水分含量控制在16%～18%，然后再进行制粒。但是应注意，加水调质生产出来的颗粒饲料一定要晾干、完全冷却后再包装饲用。

（二）制粒

1. 环模制粒

环模制粒机是由喂料器、吸铁装置、环模、压辊、喂料刮板、压膜内刮刀、切刀、安全装置和传动机构等部件组成。

环模是环模制粒机生产颗粒饲料的最主要的构件。环模是具有数百个均匀分布小孔的环形模具，具有高强度和耐磨性，其结构参数对于制粒效果具有直接的影响。

调质均匀的物料先通过永磁筒去铁，然后被均匀地分布在压辊和环模之间，这样物料由供料区压紧区进入挤压区，被压辊钳入模孔连续挤压开分，形成柱状的饲料，随着环模回转，被固定在压模外面的切刀切成颗料状饲料。

环模制粒机最大的优点就是生产效率高，饲料熟化好，可以有效减少或消除饲料中的有害微生物，生产的颗粒饲料品质较好，适合饲料加工企业及规模化养羊场使用。但是也存在着高温带来的维生素、酶制剂、微生态制剂等热敏性物质的损失。

2. 平模制粒

平模制粒机与环模制粒机相比，具有结构简单，制造方便，价格低廉等优点，特别是平模的加工，比环模容易得多。平模制粒机主要由喂料调质系统、压制系统、出料系统、传动系统、电气控制系统等组成。混合后的物料进入制粒系统，位于制粒系统上部的分料器均匀地把物料撒布于压模表面，然后由旋转的压辊将物料压入模孔并从底部压出，经模孔出来的颗粒饲料由切辊切成需求的颗粒长度。

平模制粒机的缺点在于生产效率较低，由于缺少蒸汽调质系统，生产方式为冷制粒，生产出的颗粒饲料品质和环模制粒机相比略差，适合中小型山羊养殖场或者散养户使用。

（三）影响颗粒质量的因素

1. 配方因素

不同饲料原料的制粒性能是不同的。对高淀粉饲料一般很难制出坚实、耐久的颗粒，只有在高温和高水分的作用下（温度达到82～85℃，含水量达到15.5%～17%）使淀粉充分糊化时，才会有良好的制粒性能，但若饲料中天然淀粉在制粒前已经被糊化（如高温烘干的玉米），则其制粒性能较差。一般来说，饲料中含天然蛋白质高，则受热后可塑性强，黏性大，制粒性能好，但非蛋白氮（如尿素）含量高时，制粒效率下降；脂肪则完全没有黏结性，适量的脂肪有助于提高生产能力，但当添加的脂肪大于2%时，颗粒饲料的质量就会受到严重影响，难以成形，故为得到脂肪含量高的颗粒饲料，可采用制粒后喷涂油脂的方法。通常比例的纤维能增加物料通过模孔的阻力而得到较硬饲料颗粒，但纤维含量过高时（在10%～15%），由于黏结性差而影响颗粒的硬度和成形率；在制粒前添加足够的非结合水对于达到良好的颗粒耐久性是十分必要的。若在设计饲料配方前能考虑选用制粒性能好的原料，才会有好的制粒效果。

2. 粒度因素

原料粒度决定着饲料组分的表面积。粒度小，表面积大，吸收蒸汽中的水分快，蒸汽能穿透至物料中心，有利于水分调节，使原料中的淀粉易被糊化，蛋白质在热的作用下容易变为可塑的，从而改善饲料的制粒性能；而粒度过大，蒸汽不能完全穿透物料，其中心仍旧很干燥，使饲料颗粒出现自然断裂点，造成更多的饲料细粉，不仅颗粒质量差，而且会增加压模和压辊的磨损，能耗大，产量低。因此原料要细，但不宜过细，最好是粗、中、细适度（粗、中粉料所占比例不大于20%）。通常认为制粒用的细粉料应全部通过14目筛，压制小颗粒时，物料最好粒度是全部通过8目筛，留在25目筛上的最多为25%。

3. 调质因素

调质是制粒前的重要环节，必须给予足够的重视。理想的调质条件是：温度达到82~88℃，水分达到15.5%~17%，同时在调质室内需要30~45s的停留时间。一般情况下调质常用的蒸汽需要干饱和蒸汽，且蒸汽压力范围是0.2~0.4MPa，要求蒸汽压力保持基本稳定，其波动幅度不应超过0.05MPa。为保证理想调质蒸汽需求，蒸汽的输送距离要尽量短，尽量少使用弯头；应采用高压输送，输送途中及分汽缸底部应设置自动疏水装置，隔热层一定要从锅炉的蒸汽出口处一直包到制粒机调质器的蒸汽入口处为止；汽水分离器与制粒机的调质器不宜太远；蒸汽管道的管径不能太小，否则不能供给必需的蒸汽量。

各种饲料制粒设备对蒸汽参数的要求基本相同，但生产不同品种的饲料对蒸汽的要求有所不同。一般热敏性饲料（很高的全脂奶粉、乳清和糖等）大约在60℃下就开始焦糖化，故应采用薄压模、适当添加油脂、使用低压蒸汽，给汽量很小；对加尿素饲料则运用高压蒸汽，添加极少量蒸汽，甚至不添加；全混合颗粒饲料由于含粗饲料成分多，这类原料吸收水分的能力较低，故蒸汽添加量要低，以使粉料的温度低于60℃、最高含水量保持在12%~13%，否则颗粒出模后就会膨胀和破碎。

4. 压模因素

压模影响颗粒饲料质量的因素主要是压模的转速、压缩比、模孔的规格以及压模的维护使用状况等。压模速度取决于要制粒的饲料，压模的线速度一般为4~8m/s（线速度在压模外径上测量），能提供两种压模转速的制粒机在生产品种广泛的饲料时可获得最佳效果。一般来说，压模的转速越高，饲料颗粒的质量越差。不同品种饲料对压模的压缩比及模孔规格的需求也有所不同，压制不同品种的饲料，需要选用相应的最佳深径比和模孔规格的压模，以获得所需质量的饲料颗粒。压模的维护使用状况也会影响颗粒饲料质量，如出现如下情况，颗粒饲料质量将会明显下降：压模的工作面不均匀的磨损、过多的蜂窝孔、有效厚度降低和模孔内表面出现斑点或刻痕。

5. 冷却因素

颗粒饲料离开压模时的温度达80℃以上，水分达17%～18%，为了安全储存和输送，确保颗粒的耐久性，减少颗粒的破碎，颗粒饲料温度要降低到比室温高约8℃，水分降低到10%～12%，这一过程是通过冷却器来完成的。一般空气温度每升高约11℃，其持水能力就可提高1倍，故当半成品水分高且空气湿度高时，可以通过改变进入冷却器的空气温度来调节颗粒成品的水分。目前使用最广泛的冷却器是逆流式冷却器，这种冷却器操作自动化程度高，颗粒冷却后表里如一、无裂缝、外观光滑。冷却器选好后，要注意设计冷却风网，一般要尽可能缩短整个风网系统的长度，减少弯头数量；要尽可能缩短水平风管的长度；合理设计、计算风管直径，保证风管内风速为13～16m/s，风管上要设有风量调节装置。

综上所述，颗粒饲料的质量是由以上各因素综合作用决定的。一般地，影响颗粒饲料耐久性因素的大致比重为：配方因素占40%，原料粒度和调质的因素各占20%，压模的因素占15%，而冷却的因素占5%，其中60%是制粒过程之前的因素。只有综合考虑以上各个影响因素，颗粒饲料才会有良好质量。

六、冷却

在制粒过程中由于通入高温、高湿的蒸汽同时物料被挤压产生大量的热，使得颗粒饲料刚从制粒机出来时，含水量达16%～18%，温度高达75～85℃，在这种条件下，颗粒饲料容易变形破碎，贮藏时也会产生黏结和霉变现象，必须使其水分降至14%以下，温度降低至比气温高8℃以下，这就需要冷却。如果生产的颗粒饲料冷却不彻底，尤其是养殖场使用加水调质方法生产出来的颗粒饲料，就非常容易出现霉变和产生霉菌毒素的情况。

（一）选择合适的冷却器，配置合理的风网

目前使用最广泛的冷却器是逆流式冷却器，经逆流式冷却器冷却后颗粒温度低于室温3～5℃，水分减少3.5%。颗粒冷却后表里如一，无裂缝，外观光滑，利于销售、运输、储存。该冷却器采用冷却风流与料流呈相对流动形式，即环境冷风从底部垂直穿过颗粒料层，先与冷颗粒相接触，而后逐步变热的热风与热颗粒相接触。因风流方向与料流方向相反，使颗粒料顺向逐步冷却，可避免一般立式冷却器因冷风与高温颗粒料直接接触，从而使颗粒骤冷而引起的颗粒表面开裂。由于冷空气从其底部全方位进入冷却器，进风面积大，冷风利用率高，所以冷却效果显著，并且能耗低，操

作简便，自动化程度高。

冷却风网是冷却设备必不可少的辅助系统，其结构是否合理比冷却设备产生的影响还要大。饲料厂中出现冷却风管、集尘器堵塞，出风口跑粉，冬季冷凝水倒流等问题都是冷却风网设计或安装不合理所致。因此，使用逆流式冷却器时，必须按照设备说明书上提供的有关数据，设计出有效的风网系统。风网系统是提供冷却风源不可缺少的设备。它主要由集尘器、关风器、风机和风管组成。

（二）控制原料水分

在颗粒饲料加工工艺中，多采用冷却器来降低成品颗粒料因制粒过程中的高温蒸汽调质或其他途径调质所添加的水分和热量，使成品颗粒料的水分含量回归到制粒前的原始水分含量。

颗粒饲料是由多种原料经科学配方，精心加工而成，原料的原始水分无疑要反映到成品颗粒料上来。当原料水分超标时，一般饲料厂的加工工艺，如果不采用冷却后再烘干是无法解决因原料水分超标而引起的成品颗粒料的水分超标这一问题的。要确保颗粒料的水分含量达到质量指标，首先要控制原料的水分。玉米在配合饲料中占有很大的比例，而且它的标准水分还高于配合饲料的标准水分，所以要重点控制原料中玉米的含水量。只有严格控制各种原料水分含量，才能最终保证成品颗粒料达到安全储存的质量指标。

（三）控制蒸汽质量

蒸汽的质量和添加量直接影响颗粒成品的水分含量。制粒适用的是干饱和蒸汽，不应带有冷凝水。合适的蒸汽压力一般为0.2～0.4MPa。蒸汽压力保持基本稳定，压力波动幅度一般不应大于0.15MPa。为了保证没有冷凝水进入调质系统，锅炉房应尽量靠近主车间，锅炉房和主车间内均设缓冲分汽缸。蒸汽因采用高压输送，并在输送管中及分汽缸底部设置自动疏水装置。蒸汽质量的控制对颗粒水分的影响较大，符合要求的蒸汽系统能起到事半功倍的效果。

七、打包

全混合颗粒饲料成品打包分手工打包和机械打包两种。机械包装设备有机械自动定量秤、灌装机构、缝袋装置和输送检量装置组成。物料自料仓进入自动秤后，自动秤将物料按定额进行称量，通过自动或手控放料使物料落入灌装机构所夹持的饲料袋内，然后松开夹袋器，装满饲料的饲料包通过传送带送至缝包机缝包，随即由传送带输入成品库堆垛。由于工作效率高、电子计量准确，饲料加工企业一般使用机械打包的方式，但是解析包装设备成本较高，适合标准化、规模化生产，养殖场自行生产全

山羊全混合颗粒饲料配制与饲养新技术

混合颗粒饲料使用手工打包方式即可。

成品饲料在打包过程中需注意饲料标签上的各项指标是否符合成品。应重点对成品的感官、粒度、色泽、气味等监督的同时还要检查饲料标签是否符合国家强制标准《饲料标签》和《饲料和饲料添加剂管理条例》，如发现不符合要求应及时处理。

打包后入库的成品，必须保证包装的质量，加强密封性。同时，按规范、品种及生产日期分区堆放，并保证通风、干燥，以保证饲料的新鲜度及不发生霉变。遵守先进先出，推陈储新的原则。饲料的保管与贮藏在确保饲料安全方面也非常重要，主要是贮存条件的控制（如温度、湿度、通风等）及贮藏时间，饲料保管时温度过高或可使蛋白质变质，或因贮藏时间过久湿度过大，可导致细菌作用而腐败。保存时应保持干燥，贮藏时间不能超过3个月。否则，如果贮存条件控制不当，也不能保证饲喂给畜禽的饲料为安全饲料。

第三节 山羊全混合颗粒饲料生产线设备选型

山羊全混合颗粒饲料生产应根据养殖规模、可利用的资源等条件合理配置相应的生产设备，组成适宜的生产线。农户散养及小群养殖建议使用平模制粒方式，规模羊场、专业合作社及饲料生产企业建议使用环模制粒方式。

一、饲料生产线设备选型的基本原则

（一）生产效率

设备的台/时产量应满足饲料加工工艺的要求，以便协调生产。

（二）产品质量保证

所选择的设备必须能够生产出合格的产品，例如配料秤要求精度较高，混合机混合均匀度变异系数要小等。

（三）可靠耐用实用性强

设备应可靠，不易出故障，能较长时间保持其技术性能，即设备标准化程度高、互换性好，也要充分考虑到经济寿命与技术寿命。

（四）安全节能性

一方面设备要安装过载保护装置，有自动断电的特性等；另一方面降低主要机械

126

加工设备的能源消耗，其对应的单机，饲料加工机组等均有配套设施和良好的售后服务能力。

（五）环保性

主要是指设备的噪声和排放的有害物质对环境污染小，并间接地节约设备购价、运输、运行、安装与调试、维修、折旧和管理费等。

二、小型养殖场全混合颗粒饲料生产线设备选型

小型养殖场由于饲养量较小，日使用全混合颗粒饲料量不大，宜选用成本低、产能适中的单一设备如饲草粉碎机、精料粉碎机、混合机和平模制粒机进行适度组合后生产，以降低饲料成本。

（一）饲草粉碎机

小型养殖场生产全混合颗粒饲料饲草粉碎机可选用9FQ系列的饲草粉碎机（图6-1）。该系列粉碎机可粉碎各种原料，如玉米、高粱、麦秆、豆秆、玉米秸、花生秧、红薯秧、花生皮、干杂草等各类杂粮干物料类以及粗破碎后的饼类等。

本系列粉碎机结构比较合理，坚固耐用、安全可靠、安装容易，操作方便，振动性小，价格也较为适中。

该系列粉碎机是切向进料锤片式粉碎机。工作原理为在粉碎室中，转子高速旋转，饲料通过锤片的打击和齿板的摩擦作用而粉碎成细粒，从筛孔中漏下，然后有离心式风机吸送至储料袋或集料仓。

图6-1　9FQ系列饲草粉碎机

（二）立式粉碎搅拌机

立式粉碎搅拌机（图6-2）是专为小型养殖场设计的小型配合饲料加工设备，集自吸、粉碎、搅拌为一体（主要粉碎玉米粒、大豆、稻谷等颗粒类农作物）；一人即可轻松操作，有节省人力成本、结构简单、不易损坏、维修方便的特点，而且不需特殊生产场地、混合均匀、产量大。

立式粉碎搅拌机的工作原理为物料经风管自动吸入粉碎机工作室，粉碎后的物料落入混合仓底部，经螺旋提升至混合仓内；其他添加物料，由混合仓底部入料口加入，经螺旋提升至混合仓内。在螺旋的提升作用下，不停地提升循环，以实现饲料的混合搅拌。

立式粉碎搅拌机一般根据搅拌机每批混合的重量确定型号，最常见的型号有500型和1000型，即每批混合的重量为500kg和1 000kg。需要注意的是，500型和1000型重量指的是纯精料的重量，而生产全混合颗粒饲料的原料中含有50%～70%的粗饲料，粗饲料密度小，体积大，500型的混合机一般只能混合200kg左右的全混合日粮，1000型的混合机一般只能混合400kg左右的全混合日粮，生产中应根据实际情况来选用最适宜的型号。

图6-2 立式粉碎搅拌机

（三）平模制粒机

平模制粒机采用完整钢结构的3个锥形压轮，中间有条大轴，下面装有经特殊热处理的模具，模具旋转带动上面的3个压轮转动，压力可调，产量稳定，颗粒密度大，且模具正反两面都可以用。另外平模压轮直径的大小不受模具直径的限制，可以加大内装轴空间，选用大号轴承增强压轮的承受能力，从而提高压轮的压制力和使用寿命。

平模制粒机较适用于粗纤维造粒，如稻壳、棉秆、棉籽皮、杂草、各种农作物秸秆等黏合率低、难以成型的物料的制粒。平模制粒机的型号较多，根据生产厂家的不同，型号的编号也不同，但是多以KL-××命名。KL的含义为颗粒饲料，××多表示平模制粒机每小时的产量。以山东莱州市龙昌机械厂生产的KL-150平模制粒机（图6-3）为例：该设备使用动力为三相电，每小时产量为120～150kg，整机重量只有100kg左右，可以配备2.0～8.0mm粒径的平模。

平模制粒机在购置时应注意和销售商沟通、试制确定可以生产秸秆颗粒饲料时再行购置，在使用时应注意厂商标识的型号为该机型生产畜禽颗粒饲料每小时最大的生产量，如KL-150型平模制粒机生产畜禽颗粒饲料每小时最大生产量为150kg，但是生产含秸秆等粗饲料比例较大的山羊全混合颗粒饲料每小时最大的生产量仅为60kg左右。因此，应根据生产的实际需要进行采购适用的型号。

平模制粒机生产颗粒饲料虽为不经过加热调质的"冷制粒"方式进行生产，但是由于压辊、平模的摩擦产热，生产出的颗粒饲料温度仍能达到60～70℃，生产出的颗粒饲料应平摊于阴凉处待完全冷却后再进行打包使用。

图6-3 KL-150型平模制粒机

三、规模场全混合颗粒饲料生产线设备选型

规模化养殖场或专业养殖合作社由于饲养量较大，日使用全混合颗粒饲料量较大，宜选用产能较大的饲草粉碎机及产能适中的精料粉碎机、混合机、环模制粒机和较为简易的逆风式冷却器进行组合后生产，以保证养殖户或合作社的需要。

（一）草料粉碎机组

由于受草料（秸秆及种植牧草等）密度小、容积大等影响，较大规模全混合颗粒饲料的生产，原料需要量大，不能就近采购，为保证适宜的饲料成本，草料粉碎机的配置应以能满足规模羊场、专业合作社的生产需要，也可以选择9FQ系列的饲草粉碎机，但是应选择产量较大的型号。

由于草粉等粗饲料使用量较大，需要配套草粉储存仓与草料粉碎机配套（图6-4）。草粉储存仓型号较多，一般由生产企业自行确定，购置时可以根据生产规模向储存仓生产企业进行定制。但是应注意草粉等粗饲料的流动性较差，草粉储存仓应具备一定的防拱功能。如果有条件，在草料粉碎机上配备沙克龙，以减少粉碎草粉等粗饲料过程中的灰尘污染。

图6-4 草料粉碎机与储存仓

（二）卧式粉碎搅拌机组

卧式粉碎搅拌机机组（图6-5）主要结构有粉碎设备、单轴双螺杆混合机、缓冲仓、绞龙提升机、螺旋输送机、布袋除尘装置等。它的粉碎部分是由小型辅助锤片式粉碎机完成，而搅拌部分是一个单轴双螺带混合机。由于标称每批次可以搅拌1 000kg的混合机每批次一般只能混合400kg左右的全混合日粮，所以，应根据养殖场或养殖专业合作社的需要选择合适型号的搅拌机。

图6-5　卧式粉碎搅拌机机组

注：图为广州标诚机械厂的卧式粉碎搅拌机组

（三）环模制粒机组

环模制粒机组（图6-6）包括制粒机、制粒缓冲仓、变频喂料器（或强制喂料器）、提升输送设备、除尘设备等设备，其关键设备为环模制粒机。根据养殖场或养殖合作社全混合颗粒饲料的需求量可以选择SZLH25、SZLH350或SZLH420型制粒机，如有条件，也可以选择SZLH400M牧草制粒机或SZLH350JG秸秆制粒机。

环模制粒机配备的环模生产全混合颗粒饲料粉化率略高，一般情况下可以满足养殖户对颗粒饲料品质的要求，如果对颗粒饲料品质要求较高，可以另行设计专用环模，即将环模中导料孔和成型孔改为孔径一致。定制的专用环模和传统的环模相比生产全混合颗粒饲料较大幅度地降低了颗粒饲料的粉化率。

图6-6　SZLH30制粒机组

注：图为江苏正昌粮机股份有限公司的
SZLH30制粒机组

（四）逆流式冷却器

逆流式冷却器由喂料器、出风顶盖、散料器、冷却箱体、料位器（上、下两个）、集料斗、排料机构、调整装置及吸风系统等组成。一般地，规模养殖场和专业养殖合作社选用具有1.5m³容积的SKLN1.5八角型逆流式冷却器（图6-7）即可。

山羊全混合颗粒饲料配制与饲养新技术

图6-7　SKLN1.5八角型逆流式冷却器

注：图为江苏正昌粮机股份有限公司的SKLN1.5八角型逆流式冷却器

（五）全混合颗粒饲料生产线

将草粉粉碎机组、卧式粉碎搅拌机组、制粒机组及冷却器通过提升机、输送机等设备衔接，形成结构合理、工艺先进、效率较高的全混合颗粒饲料生产线（图6-8）。

图6-8　全混合颗粒饲料生产线

注：本条生产线为湖北宜昌市裕禾菌业有限公司山羊全混合颗粒饲料生产线，主要生产以菌糠为主要原料的山羊全混合颗粒饲料

四、饲料企业全混合颗粒饲料生产线设备选型

饲料企业的规模化、现代化、专业化程度均比较高，全混合颗粒饲料生产线设备

选型应符合中华人民共和国国务院令2012年第3号《饲料和饲料添加剂生产许可管理办法》及中华人民共和国国务院令第609号《饲料和饲料添加剂管理条例》的要求，选择合适的颗粒饲料全套生产线供应企业，充分考虑能否达到工艺所预计的要求、工厂建成后产品的质量、设备运转的可靠性、操作维修的方便程度、设备使用寿命、生产成本等方面正确地、合理地建设全混合颗粒饲料生产线。

第四节　山羊全混合颗粒饲料质量标准

我国目前对颗粒饲料加工质量主要指标的标准只有国家标准《颗粒饲料通用技术标准》（GB/T 16765—1997），但是该标准只是规定了肉鸡、蛋鸭、仔猪和兔颗粒饲料加工质量的主要指标，而且该标准现已废止，同时没有新的国家标准颁布。因此，我国目前对颗粒饲料质量尚无统一标准，山羊全混合颗粒饲料更无相关标准。本节拟结合生产实践分别从感官指标、含水量、粉化率、含粉率、淀粉糊化度等方面介绍山羊全混合颗粒饲料应达到的质量标准及检测方法。

一、山羊全混合颗粒饲料质量标准

（一）感官指标

感官指标如外形、色泽、气味、均匀性等是描述和判断颗粒饲料质量最直观的指标。科学合理的感官指标能反映饲料的特征品质和质量要求，直接影响到饲料品质的界定和饲料质量与安全的控制。

山羊全混合颗粒饲料感官指标要求大小要均匀一致，形状均匀，表面基本光滑，色泽均匀，无发霉变质及异味、异臭。

（二）水分含量

颗粒饲料的水分含量是一项非常重要的质量指标，它直接影响到颗粒饲料的品质和饲料企业的经济效益，对其进行有效控制是保证饲料产品质量安全的关键技术之一。水分含量超过规定的标准，颗粒饲料容易发霉变质，不利于保存，还会使营养成分的含量相对减少；但如果产品水分含量过低，对企业会造成不必要的损失，而且影响颗粒饲料的适口性。高低不均的水分含量，还会造成产品质量的不稳定，影响到产品的品牌声誉。在饲料加工过程中，适宜的水分含量有利于制粒，降低能耗，提高生产效率。因此，在颗粒饲料的生产过程中，要使生产更顺利地进行，能耗更低，颗粒更光洁均匀，最终产品又符合规定的水分含量标准，就必须进行生产全过程的水分控制。

水分含量是一项非常重要的质量指标，山羊全混合颗粒饲料的水分含量在冬季应不高于14.0%，夏季应不高于12.5%，如果颗粒饲料从生产出来到使用完所用时间在一周以内，水分含量可以允许比要求值高出0.5%，否则颗粒饲料就容易发霉变质，保质期变短。

（三）粉化率与耐久性指数

粉化率是颗粒饲料在输送、运输过程中等受外力作用变成粉的含量。其检测方法为将单位重量的颗粒料或破碎料放在回转箱，然后启动设备，一般10min后取出样品过筛，计算筛下物（粉料）占样品重量的百分比。一般要求一级品的粉化率不超过9%，二级品的粉化率不超过14%。

颗粒饲料耐久性指数是反映颗粒饲料质量最主要的指标之一，它是用来衡量颗粒饲料成品在输送和搬运过程中饲料颗粒抗破碎的相对能力。其含义是把冷却、筛分后的颗粒饲料样品放在一个特制的回转箱中翻转一定时间，模拟饲料的输送和搬运过程，在样品翻转后通过筛分，最后计算筛上物和总量的比值，即为颗粒饲料的耐久性指数。颗粒饲料耐久性指数越大，说明颗粒抗破碎能力越强，颗粒质量越好，利用率越高。颗粒饲料的粉化率和耐久性指数之和应为100%。

（四）含粉率

颗粒饲料含粉率是评价颗粒饲料质量的重要指标之一。含粉率是指颗粒饲料样品所含粉料（14目，即2.0mm筛下物）质量占其总质量的百分比，反映了饲料制粒后粉料的重量。含粉率不仅对饲料的感官质量和加工能耗控制有着较大的影响，还对动物的采食有着较大的影响。含粉率过高会导致饲料的浪费，料重比增加，并会增加动物发生呼吸道疾病的概率。不同动物颗粒饲料的含粉率要求不同，山羊全混合颗粒饲料含粉率应控制在1.0%以下。

（五）淀粉糊化度

淀粉的糊化是指淀粉悬浮液在一定温度下，淀粉颗粒吸水膨胀，体积增大，淀粉颗粒破裂，成为黏稠状胶体溶液的过程。糊化的本质是淀粉中晶质与非晶质态的淀粉分子间的氢键断开，微晶束分离，形成一种间隙较大的立体网状结构，淀粉颗粒中原有的微晶结构被破坏。糊化度是指淀粉中糊化淀粉与全部淀粉量之比的百分数。淀粉的糊化度越高，越容易被酶水解，有利于消化吸收。

淀粉糊化度是评价颗粒饲料加工质量的重要指标，直接影响畜禽吸收利用饲料中能量物质的效率，进而影响饲料的转化效率和畜禽生长性能。淀粉糊化作用是饲料加工过程中重要的物理化学特性变化过程，而快速准确检测和实时监控饲料加工中原料淀粉糊化特性的变化，对提高饲料加工及产品质量，降低生产成本具有十分重要的意义。山羊全混合颗粒饲料的淀粉糊化度应达到30%以上。

二、山羊全混合颗粒饲料质量指标检测方法

（一）水分含量测定方法

本检测方法摘自中华人民共和国国家标准饲料中水分的测定（GB/T 6435—2014）。

1. 原理

根据样品性质选择特定条件对试样进行干燥，通过试样干燥损失的质量计算水分的含量。

2. 仪器设备

实验室用样品粉碎机或研钵；

分样筛：孔径0.45mm（40目）；

分析天秤：感量0.000 1g；

电热式恒温烘箱：可控制温度为（105±2）℃；

称样皿：玻璃或铝质，直径40mm以上，高25mm以下；

干燥器：用氯化钙（干燥试剂）或变色硅胶作干燥剂。

3. 试样的选取和制备

选取有代表性的试样，其原始样量应在1 000g以上，用四分法将原始样品缩减至500g，风干后粉碎至40目，再用四分法缩至200g，装入密封容器，放阴凉干燥处保存。如试样是多汁的鲜样，或无法粉碎时应预先干燥处理，称取试样200～300g，在105℃烘箱中烘15min，立即降至65℃，烘干5～6h，取出后，在室内空气中冷却4h，称重，即得风干试样。

4. 测定步骤

洁净称样皿，在（105±2）℃烘箱中烘1h，取出在干燥器中冷却30min，称准至0.000 2g，再烘干30min，同样冷却，称重，直至两次重量之差小于0.000 5g为恒重。

用已恒重称样皿称取两份平行样，每份2～5g含水量0.1g以上，样品厚度4mm以下，准确至0.000 2g，不盖称样皿盖，在（105±2）℃烘箱中烘3h，当温度到达105℃开始计时，取出盖好称样皿盖，在干燥器中冷却30min，称重。

再同样烘1h，冷却，称重，直至两次称重之重量差小于0.000 2g。

5. 测定结果的计算

水分（%）=（W_1-W_2）/（W_1-W_0）×100

式中W_1为105℃烘干前的试样及称样皿的重量，g；W_2为105℃烘干后试样及称样皿的重量，g；W_0为已恒重的称样皿的重量，g。

6. 重复性

每个试样，应取两个平行样进行测定，以其算术平均值为结果，两个平行样测定值相差不得超过0.2%，否则重做。

（二）粉化率的测定方法

1. 试验设备及材料

颗粒饲料，JFHX2型粉化仪，1 000g天平、标准筛。

2. 试验方法

使用JFHX2型粉化率测定仪测定颗粒饲料的粉化率。

3. 试验步骤

称取500g过筛后的颗粒料样品；

将样品放入粉化仪的回转箱内，启动粉化仪，工作10min；

粉化仪停止后，取出样品，分别对两个箱体中物料使用标准筛对处理过的样品进行筛分；

分别称取筛上物和筛下物并做好记录；

记录相关数据：颗粒直径，粉化仪的型号、转速及工作时间，标准筛筛号（目）。

4. 计算及分析

粉化率（%）=筛上物重量/样品重×100

试验结果取两个箱体平均值，根据计算结果评定合格与否。

（三）含粉率的测定方法

颗粒饲料中所含粉料（2.0mm筛下物）质量占其总质量的百分比。用标准筛一套（GB 6004），顶击式标准振筛机（频率220次/min，行程25mm），天平（感量0.1g）测定。

将取得的样品用四分法分为2份，每份约600g（m_1），放于2.0mm的筛格内，在振筛机上筛理或用手工筛（每分钟110～120次，往复范围10cm）5min，将筛下物称重（m_2）。筛下物与样品的百分比即为含粉率（Φ_1），其计算公式如下：

Φ_1（%）$= m_2/m_1 \times 100$

式中，Φ_1为含粉率，%；m_2为2.0mm筛下物质量，g；m_1为样品质量，g。

2次测定结果之差不大于1%，以其算术平均值报告结果，数值表示至1位小数。

（四）淀粉糊化度的测定方法

1. 试剂

联甲苯胺试剂：溶解1.5g硫脲于940ml冰醋酸，加60ml甲苯胺，存于有色玻璃瓶中。

乙酸钠缓冲液：溶解4.1g无水乙酸钠与1L蒸馏水，用乙酸调pH值至4.5。

葡萄糖淀粉酶溶液：将2g根霉葡萄糖淀粉酶（目录号No.A-7255，Sigma Chemical Co.供货）分散于250ml乙酸缓冲液，用玻璃棉滤纸（Whatman No.GF/A）迅速过滤，限2h内使用。葡萄糖淀粉的特异活性是在pH值4.5，温度40℃下生成28.4μmol葡萄糖（min·mg蛋白）。

2. 操作方法

制备淀粉部分糊化的样品：将20mg样品分散于50ml离心管中的5ml蒸馏水中。

制备淀粉完全糊化的样品：将20mg样品分散于50ml离心管中的3ml蒸馏水和1ml 1N NaOH中。5min后加1ml 1N HCl。

葡萄糖淀粉酶水解和测定葡萄糖：每个离心管加250ml葡萄糖淀粉酶溶液，40℃保温30min。加2ml125％的三氯乙酸钝化葡萄糖淀粉酶（并使该酶和其他蛋白沉淀），以16 000×g离心5min。

取0.5ml上清液于试管中，加入4.5ml联甲苯胺（o-Toluidine）试剂，将试管置沸水中10min，用冷水冷却，加5ml冰醋酸，测定在630nm的吸收率。

3. 淀粉糊化度的计算

按下式计算淀粉糊化度：

$Y = 100 \times (B-K)/(A-K)$

$K = A \times (C-B)/(A-2B+C)$

式中，A为全糊化淀粉的吸收率；B为全糊化淀粉和经过30min的酶水解的完全淀粉混合物的吸收率；C为部分糊化淀粉和经过60min的酶水解的完全淀粉混合物的吸收率；K为1％完整淀粉经过30min水解后的吸收率。这对每种淀粉或特定处理的淀粉是一个常数，常规分析中只需测定一次。

第七章　山羊全混合颗粒饲料饲养技术

第一节　山羊一般饲养管理技术

一、抓羊

抓羊是羊场中较为频繁的工作，在进行山羊的鉴定、称重、配种、防疫、检疫和买卖的时候都需要抓羊。在抓羊时，要尽量缩小羊的活动范围，将羊赶到羊圈或运动场的一角。抓羊的动作要快、准、出其不备，迅速抓住山羊的后胁或飞节上部，因为胁部皮肤松弛、柔软，容易抓住，又不会使羊受伤。除此两部位外，其他部位不能随便乱抓，以免伤害羊体。抓住羊后，需要移动羊时，要引导羊前进，一手扶在羊的颈下部，以掌握前进方向，另一手在坐骨部位向前推动，羊即前进。切忌用力抓羊角或抱头硬拉。保定羊一般用两腿把羊颈夹在中间，抓住羊的肩部，使其不能前进后退，以便对羊进行各种处理。

二、编耳号

为了科学地管理羊群，需对羊只进行编号，常用的方法有：带耳标法、剪耳法。

1. 带耳标法

耳标材料有金属和塑料两种，形状有圆形和长方形。耳标用以记载羊的个体号、品种及出生年月等。以塑料耳标为例，用熨铁把羊的号数打在耳标上，第一个号数代表羊的出生年份的后一个字，接着打羊的个体号，为区别性别，一般公羊尾数为单，母羊尾数为双，如2316即指2012年出生的第316号母羊。耳标一般戴在左耳上。用打耳钳打耳时，应在靠耳根软骨部，避开血管，用碘酒在打耳处消毒，然后再打孔，如打孔后出血，可用碘酒消毒，以防感染。

2. 剪耳法

用特制的钳剪缺口，在羊的两耳上剪缺口，作为羊的个体号。其规定是：左耳作个位数，右耳作十位数，耳的上缘剪一缺口代表3，下缘代表1，耳尖代表100，耳中间圆孔为400；右耳上缘一个缺刻为30，下缘为10、耳尖为200，耳中间的圆孔为800。

三、去势

对不作种用的公羊都应去势，以防止乱交乱配。去势后的公羊性情温顺，管理方便，节省饲料，容易育肥，羊肉无膻味且较细嫩。去势应选择无风、晴暖的早晨。去势年龄过早或过晚均不好，过早睾丸小，去势困难；过晚流血过多，或发生早配现象，最常见去势方法有两种：一是结扎法，当公羊1周龄时，将睾丸挤在阴囊里，用橡皮筋或细线紧紧地结扎于阴囊的上部，断绝血液流通。经过15d左右，阴囊和睾丸干枯，便会自然脱落。二是手术法，手术时常需两人配合，一人保定羊，使羊半蹲半仰，置于凳上或倒立站立；另一人用3%石炭酸或碘酒消毒，然后手术者一只手捏住阴囊上方，以防止睾丸缩回腹腔中，另一只手用消毒过的手术刀在阴囊侧面下方切开一个小口约为阴囊长度的1/3，以能挤出睾丸为度，切开后，把睾丸连同精索拉出捋断。一侧的睾丸摘除后，再用同样的方法摘除另一侧睾丸。也可把阴囊的纵膈切开，把另一侧的睾丸挤过来摘除，这样少开一个口，利于康复。睾丸摘除后，把阴囊的切口对齐，用消毒药水涂抹伤口并撒上消炎粉。过1~2d进行检查，如阴囊收缩，则为正常，如阴囊肿胀发炎，可挤出其中的血水，再涂抹消毒药水和消炎粉。去势后最初几天，对伤口要常检查，如遇红肿发炎现象，要及时处理。同时要注意去势羔羊环境卫生，垫草要勤换，保持清洁干燥，防止伤口感染。

四、年龄鉴别

除了根据育种记录或耳标等判断羊的准确年龄外，对于散养的羊只常用牙齿识别法进行年龄鉴定。它主要是根据羊的生长发育规律及牙齿的更换、磨损情况进行判定。羊的牙齿按发育阶段可分为乳齿和永久齿两种。幼年羊乳齿共20枚，乳齿较小，颜色较白，长到一定时间后开始脱落，之后再长出的牙叫永久齿，共32枚，永久齿较乳齿大，颜色略发黄。

羊没有上门齿，有下门齿8枚，臼齿24枚，分别长在上下两边牙床上，中间的一对门齿叫切齿，从两切齿外侧依次向外形成内中间齿、外中间齿和隅齿。

1岁前，羊的门齿为乳齿，永久齿没有长出；1~1.5岁时，乳齿的切齿更换为永久齿，称为"对牙"；2~2.5岁时，内中间乳齿更换为永久齿，并充分发育称为"四牙"；3～3.5岁时，外中间乳齿更换为永久齿，称为"六牙"；4～4.5岁时，乳隅齿更换为永久齿，此时全部门齿已更换整齐，称为"齐口"；5岁时，牙齿磨损，齿尖变平；6岁时，齿龈凹陷，有的开始松动；7岁时，门齿变短，齿间隙加大；8岁时，牙齿有脱落现象。

五、体尺、体重测量

测量体尺（图7-1）用于确定羊的生长发育情况。测量时场地要平坦，站立姿势端正，常见测量体尺、体重方法如下。

（1）体高鬐甲最高点到地平面的距离（cm），用测杖测量。

（2）体斜长肩胛骨前缘到臀端的直线距离（cm），用皮卷尺测量。

（3）胸围肩胛骨后缘垂直地面绕胸部一周的长度（cm），用皮卷尺测量。

（4）胸宽两侧肩胛骨后缘最宽点的直线距离（cm），用测杖测量。

（5）胸深鬐甲最高点至胸骨下缘的垂直距离（cm），用测杖测量。

（6）体重直接称重（kg），直接用台秤或杆秤称重。

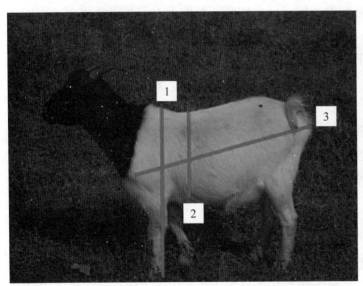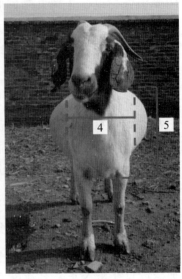

图7-1　体尺测量

1.体高；2.胸围；3.体斜长；4.胸宽；5.胸深

六、驱虫

山羊寄生虫病制约着养羊生产的发展，患有寄生虫的羊只，轻者因羊体营养被消耗呈现不同程度的消瘦，导致幼龄羊生长发育受阻，成年羊繁殖力下降；重者日趋消瘦，甚至造成死亡。因此，务必重视羊体内外寄生虫病的防治。

1.寄生虫病的预防

预防山羊寄生虫病，应在发病季节到来之前，用药物给羊群进行预防性驱虫，必须贯彻"预防为主、防重于治，养重于防"的方针。做好环境卫生和消毒工作，羊舍要定期消毒，粪便必须经生物发酵处理，杀灭中间宿主和传播媒介；加强饲养管理，改善山羊的饲养条件，提高山羊机体的抵抗力。南方地区最好采用离地羊床的饲养方式，以减少各种寄生虫的传播感染机会。

2.寄生虫病的治疗

在山羊的寄生虫病防治过程中，多采取定期（每年2～3次）预防性驱虫的方式，以避免羊在轻度感染后进一步发展而造成严重危害。驱虫时机要根据对山羊寄生虫的流行季节而定，体内寄生虫一般可在每年春、秋各安排1次，这样有利于羊的抓膘及安全越冬；体外寄生虫的驱虫可视季节而定，夏、秋季节驱虫2次，冬、春季节驱虫1次。山羊驱虫药的种类很多，如左旋咪唑可驱除多种线虫，吡喹酮可驱除多种绦虫和吸虫，另外还有能驱除多种体内蠕虫的阿苯达唑、芬苯达唑、甲苯咪唑等；体表寄生虫的防治可用伊维菌素、碘硝酚，既可驱除体内线虫又可杀灭多种体表寄生虫，预防和治疗羊焦虫病的血虫净等。

3.药浴

药浴可驱杀羊体表寄生虫、杂菌，也可预防和治疗疥癣病。药液配置：0.1%～0.2%的杀虫脒溶液；0.5%的敌百虫溶液；3%的辛硫磷乳油（1kg加水1 500L）；除癞宁10ml（1支），加10～20kg水的比例；还可以用石硫合剂的配方是：生石灰7.5kg，硫黄粉12.5kg，用水拌成糊状，加水150kg，用铁锅煮沸，边煮边用木棒搅拌，待溶液呈浓茶色时为止，待澄清后，取上面的清液对温水，就可进行药浴。药浴注意事项：应在晴天，无风之日进行，药浴前8h停止喂料，入浴前2h给羊饮足水，以免羊入浴池后吞饮药液；药浴的顺序是先让健康羊浴，有疥癣病的羊最后浴；妊娠两个月以上的母羊，不宜进行药浴；工作人员应戴好口罩和橡皮手套，以防中毒。

七、修蹄及蹄病防治

山羊尤其是波尔山羊或波杂一代羊由于体型大，活动频繁，加之蹄壳生长较快，如不整修易成畸形，从而影响其生产性能，对于种公羊尤为重要。修蹄时最好使用果园整枝用剪刀，先把较长的蹄角质剪掉，然后再用利刀把蹄子周围角质修整成与蹄底接近平齐。在修蹄时不可操之过急，一旦发现出血，可用烧烙法止血。修蹄可选在雨后进行，此时蹄质被雨水浸软，易修整。

八、消毒和免疫

消毒可用复合酚、百毒杀、来苏儿、烧碱等配制成合适的浓度，喷洒场地及器具，冬天每月消毒2次，夏天每周消毒2次。

防疫应根据羊的不同生长阶段和用途，结合当地的疫病流行情况及疫苗的免疫期等，选择不同的疫苗种类和注射时间。一般要注射羊"三联四防"、羊痘、布氏杆菌、羊传染性胸膜肺炎等疫（菌）苗。

第二节　羔羊全混合颗粒饲料饲养技术

一、羔羊早期断奶技术

羔羊是指从出生至断奶的羊羔。羔羊生长发育快，可塑性强，合理地进行羔羊的培育，可促使其充分发挥先天的性能，又能加强对外界条件的适应能力，有利于个体发育，提高生产力。羔羊培育技术的关键是："三早"（早吃初乳、早开饲、早断奶）；"三查"（查食欲、查精神、查粪便）。

（一）羔羊早期断奶的意义

羔羊早期断奶实质上是控制哺乳期，缩短产羔间隔和控制繁殖周期，达到2年3产或1年2产、多胎多产的一项重要技术措施。羔羊早期断奶是规模化养殖场生产的重要环节，是缩短母羊繁殖周期、提高养殖场生产效率的基本措施。

1.缩短了母羊的繁殖周期，提高繁殖效率

早期断奶可使母羊的生理机能尽早恢复，促使母羊早发情、早配种，缩短了母羊的繁殖周期。同时，母羊因不哺乳可以减少体内消耗，迅速恢复体力，为下一轮配种做好准备。早期断奶能减少母羊空怀时间，可实现母羊1年2胎或2年3胎的目标，提高母羊的繁殖率。

2.促进羔羊瘤胃发育，提高饲料利用效率

母羊产后2～4周泌乳达到高峰，3周内的泌乳量相当于泌乳周期母乳总量的75%，此后母羊泌乳能力明显下降。当羔羊3月龄时，母乳仅能满足羔羊营养需要的5%～10%，继续哺乳只是辅助供给，而且会影响羔羊正常采食饲料。早期断奶给羔

羊补饲全混合颗粒饲料可满足其生长发育所需营养，充分发挥羔羊的生长优势及生产潜力。早期断奶使羔羊较早地采食了开食料等植物性饲料，能够促进羔羊消化器官特别是瘤胃的发育，促进了羔羊提早采食饲草料的能力，提高了羔羊在后期培育中的采食量和粗饲料的利用率。

3. 实现羔羊当年出生、当年育肥、当年出栏的目标

羔羊早期断奶可增强瘤胃机能，增加对纤维素的采食量，为羔羊早期育肥奠定了良好的生理基础，以便在短期内达到预期的育肥目标。有试验表明，在正常的饲养管理条件下，羔羊从出生到5月龄之间体重呈持续增长的趋势，这一阶段的羔羊生长发育速度最快，羔羊育肥的料重比可以达到（3.2∶1）~（3.5∶1），经济效益相当可观。羔羊在5~7周龄早期断奶后进行高强度育肥，可使其在4~5月龄出栏，加快了羊群的周转速度。

4. 更加适合现代化、规模化管理

现代化养羊通常采用超数排卵、诱导产羔、同期发情等繁殖新技术，使母羊在相对集中的时间内发情、配种，产羔时间也相对集中，且产羔期较短。实施早期断奶技术可节约人力，更有利于现代工厂化生产的组织，实现全进全出制，便于防疫。

（二）羔羊早期断奶的方式和时间

由于养羊技术水平和羊场规模化程度不同，不同的技术人员实施早期断奶采用的技术也不同，依据母羊哺乳方式的不同，有利用固态饲料和代乳品进行早期断奶两种方式。羔羊早期断奶日龄也是羔羊早期断奶技术成功与否的关键环节。羔羊断奶过早，应激反应明显，生长发育甚至受阻；断奶过晚，导致羔羊不喜欢吃代乳粉或开食料，不利于母羊干奶，降低母羊利用效率。最佳的早期断奶日龄需符合羔羊和母羊的生理特点，充分发挥羔羊生长潜力，最大限度利用母乳资源和促进母羊体况恢复。

1. 固态饲料早期断奶

一般在羔羊出生吃足了初乳后7日龄左右开始补饲羔羊哺乳期全混合颗粒饲料（即开食料），待羔羊平均日采食量连续3d达到150g左右则可以断奶，一般断奶日龄在羔羊出生后5~7周龄。

羔羊哺乳期全混合颗粒饲料的配制要点为：符合哺乳期羔羊的营养需要，以精饲料为主，粗饲料为辅，精粗比达到8∶2以上；能量饲料以乳清粉、奶粉、膨化玉米粉等优质能量饲料原料为主，蛋白质饲料以膨化豆粕、膨化大豆、大豆浓缩蛋白等优质蛋白质饲料原料为主，粗饲料以紫花苜蓿、初花期或盛花期饲用油菜为主。一般地，哺乳期全混合颗粒饲料的粗蛋白水平23%左右，粗脂肪13%~15%，乳糖20%~25%，氨基酸平衡（赖氨酸∶蛋氨酸∶苏氨酸=100∶35∶63和100∶27∶67）等。羔羊开食料宜细小、酥软，颗粒太大太硬，不利于羔羊采食和消化吸收，其颗粒粒径应在4mm以下，压模的压缩比应在1∶6以下。

羔羊哺乳期全混合颗粒饲料的使用方法为：羔羊7日龄左右开始补饲全混合颗粒饲料，设清洁干燥的补料区，少量多次投放饲料，引诱羔羊采食（开始几天可每只羔羊口中强制投喂几粒开食料），每次投料时，污染的饲料必须清除。20日龄左右开始增加羔羊断奶料，每次投喂开食料时，混入少量断奶料，逐渐增加喂量，至30日龄左右完全转换成羔羊断奶专用全混合颗粒饲料。

2. 代乳粉早期断奶

近年来，随着养殖业和饲料工业的快速发展，代乳粉的研发成为热点，因此使得羔羊早期断奶的方式有了新的变化，即在羔羊出生吃足了初乳后7日龄左右将羔羊与母羊分开，利用代乳粉饲喂羔羊一段时间，待羔羊日龄达到15日龄左右时开始补饲羔羊开食料，待羔羊开食料平均日采食量连续3d达到150g左右则可以断奶，一般断奶日龄在羔羊出生后5~7周龄。

优质的羔羊代乳粉应在营养成分和免疫组分上均和母乳接近，其配方营养素含量乳蛋白应达到20%以上，脂肪12%以上，乳糖15%以上。蛋白质饲料原料应以脱脂乳蛋白为主，优质的大豆蛋白也可以替代部分乳蛋白以降低代乳粉的成本。

代乳粉的使用方法为将羔羊代乳粉用温度40~60℃温开水冲泡，混匀，用奶瓶或奶盆喂给羔羊。一份代乳粉对7~8份水。日龄在15d以内的羔羊，每日喂代乳粉3~4次，每次10~20g；15日龄后每日饲喂3次，每次40~50g。实际中可根据羔羊的具体情况调整奶粉的喂量。使用代乳粉时应注意，代乳粉要即冲即喂，不能预先用水泡料；羔羊由喂羊奶转到喂代乳粉要有5d的过渡期，逐渐的用代乳粉替代羊奶；要用温开水冲泡代乳粉，冲泡时水温控制在40~60℃，饲喂时温度应在（37±2）℃；喂完代乳粉用湿毛巾将羔羊口部擦净，奶瓶、奶盆用后应用开水消毒，以免传染疾病。

二、哺乳期羔羊的饲养技术

（一）出生羔羊的哺育

1. 尽早吃初乳

初乳是指母羊产后7d内分泌的乳汁，其乳质黏稠、营养丰富，易被羔羊消化，是任何食物不可代替的食料。同时，母羊的初乳中含有丰富的蛋白质（17%~23%）、脂肪（9%~16%）等营养物质和抗体，具有抗病和轻泻的作用。羔羊在初生后半小时内应保证其吃到初乳，对因特殊情况吃不到初乳的羔羊，最好能让其吃到其他母羊的初乳，否则很难成活。对不会吃乳初的羔羊要进行人工辅助。

2. 保持良好的生活环境

初生羔羊生活力差，调节体温的能力尚低，对疾病的抵抗力弱，保持良好的生活环境有利于羔羊的生长发育。应保持环境清洁、干燥，空气新鲜又无贼风。羊舍最好垫上一层干净的垫草，室温保持在5℃以上。刚出生的羔羊，如果体质较差，应安排在较温暖的羊舍，直到羔羊能够自己吃奶，精神体况都转好后，可逐渐转到常温的羊舍，应特别注意寒冷季节羔羊的接产和保暖。

3. 做好初生羔的哺育工作

在羔羊1月龄内，要确保多羔和弱羔能吃到母羊奶。对初生孤羔、缺奶羔羊和多胎羔羊，在保证吃到初乳的基础上，应找保姆羊寄养，实在找不到保姆羊的可进行人工哺乳，可用鲜牛奶、羊奶、奶粉和代乳品等，有条件可加点植物油、鱼肝油、胡萝卜汁及多维、微量元素、蛋白质等。羔羊稍大时可喂其他流体食物如豆浆、小米汤、代乳粉或婴幼儿米粉等，这些食物在饲喂前应加少量的食盐。人工哺乳务必做到清洁卫生、定人、定时、定量和定温（35℃左右），否则易患消化道疾病。对初生弱羔、初产母羊或护仔行为不强的母羊所产羔羊，需人工辅助羔羊吃乳。母羊和初生羔羊要共同生活7d左右，才有利于初生羔羊吮吸到初乳和建立母子感情。羔羊7～10日龄就可以开始训练吃全混合颗粒饲料（羔羊开口料），以刺激消化器官的发育。促进心和肺功能健全。7～20日龄，晚上母仔在一起饲养，白天羔羊留在羊舍内，母羊可外出放牧，羔羊20日龄后，可随母羊一道放牧。

（二）编群

羔羊出生后对母、仔羊进行编群。一般可按出生天数来分群，生后3～7d内母仔在一起单独管理，可将5～10只母羊合为一小群；7d以后，可将产羔母羊10只合为一群；20d以后，可大群管理。分群原则是：羔羊日龄越小，羊群就要越小，日龄越大，组群就越大，同时还要考虑到羊舍大小，羔羊强弱等因素。在编群时，应将发育相似的羔羊编群在一起。

（三）羔羊的隔栏补饲

羔羊隔栏补饲是指母羊活动集中的地方设置羔羊补饲栏，是羔羊早期开食补饲的一项技术，也是集约化肉羊生产（密集繁殖、早期断奶、多胎多产和秋冬产羔等）的重要组成部分。其目的在于训练羔羊采食，促进羔羊胃肠道快速发育，加快羔羊生长速度，缩小小羔、弱羔与强羔的差异，为缩短育肥周期，加快羊群周转打好基础。同时，也减少了羔羊吃奶的次数，使母羊哺乳期失重减少，羔羊断奶后可以快速恢复体况，进入下一繁殖周期。

需要隔栏补饲的羔羊包括计划早期断奶的羔羊、计划2年3胎的母羊群的羔羊、秋冬季出生的羔羊、纯种母羊生产的羔羊及多胎母羊产的羔羊。开始隔栏补饲的时间可以在羔羊出生7日龄之后，也可以在羔羊出生21日龄左右，根据生产场具体情况而定。

隔栏补饲的隔栏面积按每只羔羊0.15m²为宜，确保以不压到羔羊。要经常对隔栏进行清洁和消毒。

饲喂技术要点，开始补饲时，白天在料槽内添加少量羔羊开食料，不管羔羊吃与不吃，第二天均要换成新料。待羔羊学会吃料后，每天再定量饲喂。每天早上或晚上投料1次，以半小时内吃完为宜。饲喂中，若发现羔羊有腹泻、发烧等症状，应及时查找原因，尽快解决。

（四）断奶

羔羊断奶后，不仅有利于母羊恢复体况，也能锻炼羔羊的独立生活能力，有利于增重、抓膘和预防寄生虫疾病的传播。我国多采用一次性断奶法，即将母仔分开后不再合群。断奶后母羊移走，羔羊继续留在原舍饲养，尽量给羔羊保持原来环境。母仔隔离4~5d后，断奶即可成功，这时再把断奶羔羊按性别和体质分群管理。

（五）羔羊的保健

羔羊出生断脐后24h内应注射破伤风抗生素，7日龄内注射肺炎疫苗，21日龄注射肺炎二免疫苗。羔羊在30日龄和45日龄应分别进行三联四防疫苗的首免和二免，50日龄注射口蹄疫疫苗。在羔羊的哺育过程中应随时观察羔羊食欲、粪便等情况，发现有病羊应及时隔离治疗并做好记录。

三、断奶羔羊全混合颗粒饲料配制及饲养技术

羔羊断奶后日粮从母乳或代乳粉为主转变为以粗饲料为主，羔羊会因此而出现明显的断奶应激反应，断奶应激是山羊生命周期中最重要的应激时期之一，表现在生长速度下降或者停止，继而出现体重减轻的"负增长"现象，甚至会引发多种疾病，使得羔羊的成活率和育成率大幅度降低，从而提高了山羊养殖的生产成本，浪费了饲料资源。因此，羔羊断奶专用全混合颗粒饲料的配制与饲养技术是羔羊后期生长发育及育肥的关键。

（一）断奶羔羊全混合颗粒饲料的配制要点

营养均衡，符合断奶羔羊的营养需要；以精饲料为主，粗饲料为辅，精粗比达到6∶4以上；强化能量营养，能量饲料以膨化大豆、膨化油菜籽、东北玉米等优质能量饲料原料为主；重视蛋白质营养，蛋白质饲料以豆粕、菜籽粕、膨化大豆等优质蛋白

质饲料原料为主；粗饲料以紫花苜蓿、初花期或盛花期饲用油菜、花生藤、全株玉米等为主；另外，还应在断奶羔羊全混合颗粒饲料中补充足够的维生素、添加乳酸杆菌等益生菌及绿原酸、黄芪多糖等可以提高羔羊免疫水平的植物提取物。一般地，断奶羔羊全混合颗粒饲料的营养水平为粗蛋白18%左右，粗脂肪4%～5%，钙1.0%，总磷0.7%以上，氨基酸平衡（赖氨酸：蛋氨酸：苏氨酸=100：35：63）等。断奶羔羊全混合颗粒饲料颗粒粒径应在4～6mm，压模的压缩比应在1：8以下。

（二）断奶羔羊的饲养管理

1. 断奶方法

羔羊断奶的方法一般有一次性断奶法和渐进式断奶法。一次性断奶法适用于大规模的养殖场，这类养殖场通常是同期发情，同期繁育，在羔羊30～40d的时候，将母羊和羔羊分开，不再合群。渐进式断奶法适用于农村一般规模的养殖户，饲养的羊群达到一定的数量，母羊的繁殖时间相对分散时采用这种断奶方法。羔羊在40～50d的时候，母羊和羔羊白天分开，晚上合群，随着羔羊的成长，逐渐延长母羊和羔羊分开的时间，例如隔天相见或者3d一见，最后完全分开，实现羔羊彻底断奶。不管是哪种断奶方法，前提是羔羊能自主采食饲料，能适应饲养环境为宜。为了减少断奶时羔羊应激综合征的发生，应该尽早给羔羊添加一些食物，为将来顺利断奶做好准备。如让羔羊早开食，促进羔羊消化器官的发育，在羔羊出生7～10d后，可用羔羊专用开食料训练羔羊开食，坚持少食多餐的饲喂方法，每天保证羔羊足够的饮水量。

2. 饲喂方法

羊舍设清洁干燥的补料区，少量多次投放饲料，每次投料时，污染饲料必须清除。自20日龄左右开始，在补饲开口料中增加断奶料，随日龄及采食量的增加逐渐增加断奶料，30日龄左右逐渐减少开口料。35日龄后停喂开口料，完全补食断奶料，并可逐渐减少喂奶次数，适当隔离母羊与羔羊一定时间，逼迫羔羊采食。当羔羊头均采食断奶料达到150g以上时，可进行适时断奶，断奶后继续饲喂断奶料到120日龄左右。

3. 分群饲养

羔羊断奶后要按照公母、大小、强弱及时转群分别饲喂，可以最大限度地减少羔羊对转群的应激，同时也有利于根据不同时间的羔羊生长所需的营养要求进行饲喂不同阶段的全混合颗粒饲料。分群时，体小体弱的羔羊应给予特殊的照顾，可以继续补饲羔羊开食料，供给清洁卫生的饮水，待其恢复体况后再换为断奶羔羊全混合颗粒饲料进行饲喂。

4. 常规饲养管理

羔羊在断奶后，饲养人员要加强对羔羊的日常管理，通过对羔羊断奶期的调教、饲养和防疫，帮助羔羊平稳渡过断奶期，有效防止羔羊断奶产生的应激反应。通常可采取让羔羊尽快适应离开母羊后的生活，养成定时饮水，饲喂草料，在固定的场地内活动、采食、作息，定点排尿排便的习惯。注意免疫接种，群体给药的方法来加强管理。

注意加强断奶羔羊舍的环境卫生，预防疾病的发生。养殖场应重视对羔羊圈舍的基础设施建设，圈舍的选择应在地势干燥、通风良好的地方，保证圈舍阳光充足，水源清洁。注意羔羊的养殖密度，须配套建设2～3倍于羊舍面积的运动场地，使羊群能够进行日常活动，保证健康生长的需要。定时清扫羊舍，定期消毒，防止各种疾病的发生。对于重点疾病，如口蹄疫等，要提前做好免疫预防措施。如对母羊进行程序免疫，对60d的羔羊进行免疫接种，对圈舍、饲槽和周围环境进行消毒，当羔羊进入育肥期前全面驱虫一次，可有效防止寄生虫病的发生。

第三节　生长育肥羊全混合颗粒饲料饲养技术

全混合颗粒饲料是肉羊育肥的最佳饲料，配合科学的饲养管理可以充分发挥山羊的生长潜力，有效地提高经济效益。全混合颗粒饲料育肥山羊，管理简单，省力高效。山羊育肥通过5～7d，即可由其他饲养方式过渡到全混合颗粒饲料舍饲，育肥山羊饲养要做到"吃、睡、长"。

一、早期断奶羔羊全混合颗粒饲料快速育肥技术

羔羊断奶后育肥是羊肉生产的主要方式，因为断奶后羔羊除小部分选留到后备群外，大部分要进行出售处理，一般地讲，对体重小或体况差的羔羊进行适度育肥，对体重大或体况好的进行强度育肥，均可进一步提高经济效益。采用全混合颗粒饲料可实现羔羊真正的快速育肥，波尔山羊、大耳羊、黑头羊等引进及培育良种山羊可在6～8个月，地方品种山羊可在8～10个月达到出栏体重，大大地缩短出栏时间。

（一）分阶段饲养

使用全混合颗粒饲料对早期断奶羔羊进行快速育肥，根据羔羊的生理发育及营养需要，结合生产实践中的可操作性，可将整个育肥期分为育肥前期和高强度育肥期。

1. 育肥前期

育肥前期也可称为预饲期，目的是让羔羊在断奶后有一段时间的适应，包括日粮变化、环境变化的适应，从而让羔羊顺利地进入育肥阶段。该阶段使用羔羊育肥前期全混合颗粒饲料，根据羔羊品种和生长发育情况的不同，时间可以为30~60d。

2. 高强度育肥期

羔羊预饲期过后即可进入高强度育肥期，该时期的主要目的就是快速育肥，缩短羔羊的出栏周期，一般为60~90d，待羔羊体重达到25kg以上时即可出栏。

（二）早期断奶羔羊全混合颗粒饲料配制要点

1. 育肥前期羔羊全混合颗粒饲料配制要点

育肥前期羔羊全混合颗粒饲料配制要根据羔羊生长发育特点和营养需要量进行配制，选用新鲜、无霉变的优质饲料原料，由于羔羊育肥前期重要的是骨架快速生长阶段，日粮应强化蛋白质营养，应选用豆粕等粗蛋白消化率较高的蛋白质饲料原料，日粮中钙和总磷的比例要适宜。同时，还应考虑该阶段羔羊面对断奶应激，日粮应强化维生素营养，并在日粮中添加益生菌、酶制剂等提高日粮消化率的功能性添加剂及能够提高羔羊免疫力的植物提取物。一般地，羔羊育肥前期全混合颗粒饲料的营养水平为粗蛋白16%~18%，粗脂肪3%~5%，钙1.0%，总磷0.7%以上。育肥前期羔羊全混合颗粒饲料颗粒粒径应在4~6mm，压模的压缩比应在1∶8以下。

2. 高强度育肥期羔羊全混合颗粒饲料配制要点

高强度育肥期羔羊全混合颗粒饲料配制同样要根据羔羊生长发育特点和营养需要量进行配制，但是该时期由于羔羊快速生长、产肉，因此，该阶段日粮配制应强化能量营养，适当降低日粮中粗蛋白的含量，提高日粮中羊消化能水平。饲料原料应选择新鲜、无霉变、适口性好、消化率高的原料。一般地，高强度育肥期羔羊全混合颗粒饲料的营养水平为粗蛋白11%~13%即可，粗脂肪3%~5%，钙1.0%~2.0%，总磷0.7%以上。高强度育肥羔羊全混合颗粒饲料颗粒粒径应在6~8mm，压模的压缩比应在1∶8以下。

（三）早期断奶羔羊快速育肥期的饲养管理

1. 全混合颗粒饲料的饲喂技术

羔羊断奶后断奶羔羊全混合颗粒饲料应继续饲喂1周，以减少断奶应激，之后逐步过渡为使用羔羊育肥前期全混合颗粒饲料，过渡期为1~2周。断奶后的羔羊面临断奶应激，需要精心管理，尤其是要注重包括适应周围环境和日粮变换。精心管理，以确保迅速适应饲料和新的环境，以及避免急性发生的胃肠道功能紊乱，如酸中毒。肠毒血症和脑灰质软化症。羔羊由育肥前、后期两阶段过渡时两种全混合颗粒饲料同样应逐步过渡,过渡期为1周。

投料最好采用自制的简易饲槽,以防止羔羊肢蹄踩入槽内,造成饲料污染而降低饲料摄入量,扩大球虫病与其他病菌的传播。饲槽高度应随羔羊日龄增长而提高,以槽内饲料不堆积或不溢出为宜。如发现某些羔羊啃食圈墙时,应在运动场内添设盐槽,槽内放入食盐或食盐加等量的石灰石粉,让羔羊自由采食。应保证有足够的食位,自由采食,每天饲喂3次,早6点、中午11点、下午5点左右各喂料1次,喂料量以上次喂料基本吃完,没有明显的剩料为适。每次喂料前注意清理食槽,保持食槽干燥清洁。饲喂全混合颗粒饲料的山羊,一般不需要再额外补饲舔砖。

2. 制定完善的环境卫生制度

规模化养殖场一定要配置完善的运动场,保证育肥羊充足的运动。要坚持全进全出的原则,羊群在进入羊舍前必须对墙壁、地面、羊栏、用具等设备进行全面消毒处理,放牧场要定期用生石灰消毒,营造良好的养殖环境,避免疫病的发生。育肥羊舍要保持干燥、清洁、通风良好,夏季羊舍温度高时应加强通风散热,冬天温度降低时一定要减少通风,以达到保温的目的。因为,温度较高时,羔羊会产生热应激,热应激会增加羔羊对能量的需求,用来生长和产肉的能量则相对减少。当温度超过38℃时,羊主要依靠呼吸进行散热,仅有30%的水分从皮肤排出。热应激会引起喘息,从而导致呼吸性碱中毒。当温度较低时,温度每下降1℃,饲料中干物质和氮的消化率就会下降0.14%,当温度下降到18℃以下时,干物质和氮的消化率就会下降0.31%。羊毛是较好的保温体,但是当羊毛变湿的时候保温效应就会下降,尤其是在有风的时候。适当降低羊群的密度以增加羔羊的活动量,可以减轻冷应激对羔羊的影响。

3. 疾病防治

羔羊在育肥过程中除了要控制寄生虫病等传染病之外,平时还应注意防治其他疾病。应根据当地羊病的流行特点,坚持"防重于治,养重于防"的原则,有计划地对羊群进行药物预防和免疫接种,防止传染病和寄生虫病的发生。主要应对羔羊白痢、羔羊肺炎、消化不良和维生素D缺乏症等疾病进行预防。

二、肉羊全混合颗粒饲料集中育肥技术

(一)准备工作

1. 育肥羊舍的准备

育肥羊进圈前,对圈棚进行全面检查,保证通风良好,夏挡强光,冬避风雪。发现问题及时修建,然后用1%烧碱溶液,对地面、墙壁、饲槽等进行全面彻底的消

毒。所用工具用消毒剂消毒。规模较大的养羊场或合作社，都应设有消毒间和消毒池，进场人员和车辆应严格消毒。严禁非工作人员进入生产区，以免疾病传染。

2. 饲、草料的准备

为了确保育肥工作的顺利进行，必须贮备好足够的饲、草料。饲草主要依靠农作物秸秆、野草、青干草、人工栽培牧草等。无论规模大小，都应按照育肥羊的数量及采食量，贮备好充足的饲草。应做好饲草贮备工作，主要贮备方式有以下几种。

（1）制作青贮饲料。大型集约化育肥羊场，应有自己的饲草基地，根据饲草生产供应计划，安排青贮原料的种植面积，使青贮原料有足够的保证。若自己没有饲草基地或饲草基地规模较小，其办法是于秋季玉米收割时，立即大量收购青玉米秸秆。在收购的同时，要组织好青贮玉米的制作，做到边收购，边拉运，边贮存，在短期内完成此项目工作，不可拖延时间。青贮饲料可以作为全混合颗粒饲料调质用的原料，但是使用时应注意，在全混合颗粒饲料配方中添加比例在10%以内，控制制粒前原料水分含量不超过18%。

（2）大量收购作物秸秆麦草、稻草、玉米秸秆。收购时应注意收购时间，收购过早秸秆水分大，容易发霉；过晚秸秆水分含量小，影响农民收入。为了降低秸秆的收购价格，应注意育肥羊场的布局。羊场不得与奶牛场，以及一些小型羊场集中在一起，这样就可避免因互相争夺草源而抬高秸秆价格，增加饲养费用。实际上，目前秸秆的利用极不合理，农民翻耕土地时将大量秸秆烧毁，既污染环境又造成资源浪费，所以在羊场布局上应充分考虑饲草的运输距离。

（3）种植人工牧草。在保证粮食生产的前提下，大量种植人工牧草，可增加农民收入，是调整农业产业结构的重要措施之一。

关于精饲料的贮备问题，可以储备些菜籽饼（粕）、棉籽饼（粕）等时节性比较强的原料。玉米、豆粕等精饲料可先贮备一部分，随后边用边购，关键问题是贮备时注意饲料的含水量，贮藏玉米饲料时，含水量必须在13%以下，否则容易发霉，造成不必要的损失。

（二）育肥羊的选购

为了做好育肥工作，必须高度重视育肥羊的选择。在缺乏系谱资料的情况下，在市场选购时主要依靠目测，具体挑选时应注意以下几个方面。

1. 病羊、淘汰羊的观察选择

精神状态凡精神萎靡、被毛紊乱、毛色发黄、步态蹒跚或卧地不起者多属病羊。有些羊特别是当年羔羊或一周岁的青年羊，有转圈运动行为，多为患脑包虫的病羊；有的羊精神状态尚好，但膘情极差，甚至"骨瘦如柴"，大部分是由于误食塑料造成的。年龄过大的淘汰羊，部分牙齿脱落，无法采食草料，均不能作为育肥羊，挑选时要予以排除。

2. 体形外貌选择

体格大，体躯长，肋骨开张良好，体形呈圆筒状者，体表面积大，肌肉附着多，上膘后增重幅度大。头短而粗，腿短，体形偏向肉用型者，增重速度快。口叉长者采食量大，耐粗饲，易上膘。十字部和背部的膘情是挑选的主要依据。手摸时骨骼明显者膘情较差，若手感骨骼上稍有一些肌肉，膘情为中等。手感肌肉稍丰满者，膘情较好。在市场上收购的羊，大多属前两种，只要不属病羊就可收购。交易市场上还有膘肥体壮的羊，这种羊一般属现宰现卖，它的利润主要依据收购人员的经验，通过准确的估计活重和肉重，达到增加收入的目的。

3. 疫病情况

羊只的选购大部分在集市上进行，羊的来源极为复杂，有的是由附近农民赶到集市，有的是由羊贩子调运来。所以，选购时首先要了解地区发病情况，特别对急性传染病如口蹄疫等更应引起高度重视，对来自疫区的羊只要拒绝收购。选羊时要逐个检查，确诊无病时方可收购调运。

4. 根据市场行情选购

育肥羊的选购是一个买皮估肉的过程，市场价格对其影响很大。具体选购时应先了解近期市场的肉羊价格，再根据出肉率计算总价格，其中产肉率估计是关键。同时要考虑畜群结构，即畜群中母羊、羯羊、羔羊、公羊的比例。公羊虽然体大，育肥后产肉率高，但肉质差，价格最低；羔羊肉质好，价格比一般羊肉高；羯羊一般体格中等，但肉质好，深受群众欢迎，价格最高；母羊多为淘汰母羊，肌纤维较粗，肉质较差，价格与其他羊也不一样。选购时根据膘情和产肉率，结合市场价格、畜群结构进行综合评定。

5. 杂种优势的利用

利用杂种优势生产羊肉，是增加产量，改善品质和提高经济效益的有效措施。

（1）杂交亲本的选择。父本的选择多是从外地或国外引进的高度选育的品种（系），如波尔山羊等。肉用父本应具备早熟、肉用性能好、生长速度快等特性，并能将这种特性遗传给后代（遗传力较高）。母本选择多为地方山羊品种，因为其数量大、适应性强和易于在本地区推广，其要求是应有良好的羊肉品质、早熟多胎、母性好及泌乳能力强等，母本的体型以中型偏上为宜。若选用或使用体型太小的母本，则可能造成繁殖方面的障碍（如难产等）。

（2）杂交效果的预估。一是看种群差异情况。通常两亲本分布地区越远、来源差异越大和类型结构越明显，其种群的杂种优势就越明显。二是看种群隔离状态。一般由于地理交通、繁育方法等原因造成的相对闭锁的封闭种群，可能获得较大的杂种优势。三是进行性状遗传力分析。通常遗传力较低或在近交时衰退比较严重的性状，如繁殖性状，其杂种优势较大。原因是控制这类性状的基因，其非加性效应（显性和上位）较大，杂交后随着杂合子频率的加大，群体均值也就有较大的提高。

（三）分群管理

由于育肥羊的来源较复杂，体重大小参差不齐。育肥前要根据品种、年龄、性别分别组群，单独分圈饲养。若育肥规模大，羊只数量多，不同类别的育肥羊，再按照膘情好坏，进一步分群饲养。这样就可避免因体质强弱而影响育肥效果。通常可将育肥羊分为羯羊群、淘汰母羊群、当年羔羊群等，针对不同的生理阶段，可采取不同的饲养方法，发挥各自的特长，提高育肥效果。

（四）做好去势、防疫等工作

山羊经过去势后性情温顺，容易上膘、肉的膻味较小，品质优良，便于管理。育肥的羔羊一般在出生后2~3周龄去势，为了消灭体内外寄生虫病，用阿维菌素（商品名虫克星）、丙硫咪唑等进行驱虫。为了预防传染病，所有的育肥羊都要皮下注射或肌内注射三联苗（羊猝疫、羊快疫、羊肠毒血症）或五联苗（羊快疫、羊猝疽、羊肠毒血症、羔羊痢、黑疫）5ml，14d后即产生免疫力，免疫期0.5~1年。

（五）集中育肥山羊全混合颗粒饲料饲养技术

1. 全混合颗粒饲料配制要点

集中育肥山羊全混合颗粒饲料不需要分阶段配制，仅配制一种育肥用全混合颗粒饲料即可，也可以使用羔羊高强度育肥期全混合颗粒饲料。但是，从经济性原则出发，最好配制肉羊集中育肥专用全混合颗粒饲料。配制要点为全混合颗粒饲料配方所用饲料原料应就地取材，同时搭配上要多样化，精料和粗料比例一般以4∶6为宜。能量饲料是决定全混合颗粒饲料成本的主要饲料，配制日粮时应先计算粗饲料的能量水平满足日粮能量的程度，不足部分再由精料补充调整；日粮中蛋白质不足时，要首先考虑饼粕类植物性高蛋白饲料。一般地，高强度育肥期羔羊全混合颗粒饲料的营养水平为粗蛋白11%~13%即可，粗脂肪3%~5%，钙1.0%~2.0%，总磷0.7%以上。高强度育肥羔羊全混合颗粒饲料颗粒粒径应在6~8mm，压模的压缩比应在1∶10以下。

2. 全混合颗粒饲料的供给

集中育肥山羊应保证有足够的食位，自由采食，自由饮水，每天饲喂2次，早6

点、下午3点左右各喂料1次，喂料量以上次喂料基本吃完，没有明显的剩料为适。每次喂料前注意清理食槽，保持食槽干燥清洁，不需要再额外补饲舔砖。

第四节　母羊全混合颗粒饲料饲养技术

一、后备母羊全混合颗粒饲料饲养技术

后备母羊是指羔羊断奶后至初次配种的母羊，一般指4～18月龄阶段。后备母羊培育水平的高低，直接关系到成年期的生产性能，决定未来羊群的生产力和生产水平乃至整个羊场的经济效益。饲养管理不当，就会使母羊生长发育受阻，出现体长不足、胸围小、胸宽窄，腿长背弓，体躯狭小、肢体比例失调、体质瘦弱、采食能力差、体重小的"僵羊"，失去种用价值。

（一）后备母羊全混合颗粒饲料配制要点

种羊培育应从断奶开始，让其充分发育，不必追求最高的生长速度，注意保持适当的种用体型和膘情。由于生长发育期母羊体重小，采食量较低，对钙、磷等矿物质的要求相对较高，尤其是4～6月龄是后备母羊培育关键时期，该时期为后备母羊快速发育阶段，对营养的需求水平高，不适宜使用与怀孕和哺乳期相同的全混合颗粒饲料饲养。因怀孕与哺乳期山羊均为成年山羊，体重大，采食量高，全混合颗粒饲料钙、磷的设计水平相对较低，不能满足后备种羊生长发育的需要。后备种羊生长前期可用育肥期全混合颗粒饲料饲养，而后备种羊在8～12月龄的时候需要进行饲养限制的工作，这样可以避免后备母羊过度肥胖对生产性能产生影响。因此，后备母羊在8月龄之后要控制饲料的饲喂量或降低饲料中的营养物质浓度，预防其过度肥胖和早熟。一般地，后备母羊全混合颗粒饲料的营养水平为粗蛋白11%～13%即可，粗脂肪3%～5%，钙1.0%～2.0%，总磷0.7%以上。后备母羊全混合颗粒饲料颗粒粒径应在6～8mm，压模的压缩比应在1∶10以下。虽然，后备母羊全混合颗粒饲料的营养水平、加工工艺均和高强度育肥期山羊全混合颗粒饲料的营养水平相似，但是应注意，后备母羊饲用的饲料原料应更新鲜、无霉变，以防止饲料原料中霉菌毒素对母羊的繁殖性能造成危害。

（二）后备母羊的饲养管理要点

1.后备母羊的选留

羔羊生长到4月龄左右，应进行一次选留，对选留种羊按种羊培育方法进行饲养管理。地方品种山羊6月龄，波尔山羊等品种8月龄进行选种，淘汰种用价值不高的母羊，选留种羊进入配种前的饲养管理。选留的后备种羊可用育肥羊全混合颗粒饲料饲喂，日喂2餐即可，要加大羊群的运动量。有条件的每天最好适当放牧，以增加后备母羊的运动量，根据放牧条件及牧草采食情况，可适当减少全混合颗粒饲料饲喂量。

2.适当限制饲养

后备母羊培育有一个"吊架子"过程，一般在8～12月龄需采取限制饲养，使其有一个较大的体型，以免过于肥胖影响繁育机能。放牧饲养的后备母羊仅补饲微量元素（舔砖），不再补饲任何精粗饲料。舍饲饲养的后备母羊，8月龄以后日粮中能量水平不宜过高，否则会导致早熟。蛋白质的品质要好，限制性氨基酸、维生素、微量元素等各种添加剂要供应充足，以保证机体器官特别是生殖系统正常发育，使其在达到配种年龄时达到种用标准，正常配种繁育。

3.分群管理防止偷配早配

自断奶之日起，后备公羊和后备母羊应分群单独管理。同性别的后备羊也应按年龄、体格大小重新组群、分别管理，以免群体发育不均衡影响整体水平。有条件的还应定期（每月一次）测定体尺体重，按培育目标及时调整饲养方案。严禁公母羊混群饲养或临近放牧饲养，以防早熟偷配、早配早孕。若欲实行早期配种，受配母羊体重须达到成年体重的70%以上（即8月龄体重达到42～52kg）。

4.严格鉴定淘汰制度

后备母羊须在6月龄、12月龄和18月龄进行体型外貌鉴定，发育不良，达不到品种标准的羊必须坚决淘汰。18月龄配种前后备羊（青年羊）的选留量以占现有可繁母羊总数的30%左右为宜（实行3年循环制）。

二、妊娠母羊全混合颗粒饲料饲养技术

妊娠又称怀孕，是哺乳动物所特有的一种生理现象，是自卵子受精开始一直到胎儿发育成熟后与其附属物共同排出（分娩）前，母体所发生的复杂生理过程。妊娠是新个体产生的过程，包括受精、着床、妊娠的维持、胎儿的生长以及分娩。妊娠是母羊特殊的生理时期，母羊配种后在第一个发情周期不再表现发情，则可基本判断为已经怀孕。

妊娠期间，随着胚胎的发育，母羊的生殖器官和整个机体发生一系列形态和生理

的变化，以适应妊娠需要，同时也保持了机体内环境的稳定状态。这一阶段的主要任务就是保胎，并保证胎儿的健康发育，产多羔，产好羔。山羊的妊娠期平均为152d，其长短受品种、年龄、胎次、性别、胎儿数目和环境条件等方面的影响。妊娠期一般分为妊娠前期和妊娠后期两个阶段，妊娠前期为妊娠的前3个月，妊娠后期为妊娠的后2个月，两个阶段的营养需要和饲养管理各有其特点。

（一）妊娠母羊全混合颗粒饲料配制要点

1. 母羊妊娠期营养代谢特点

母羊妊娠期的营养代谢特点和胎儿的生长发育息息相关，山羊胚胎在1～28d时为胚胎期，29～45d为胎儿前期，46d至分娩为胎儿期。胚胎期主要是受精、卵裂和囊胚、原肠胚和胚层形成及器官原基形成。胎儿期是整个妊娠过程中最长的时期，约占子宫内发育时间的2/3。在胚胎发育的前期和中期，胎儿发育较慢，绝对增重不大，但分化强烈。该阶段对营养物质的质量要求较高，而营养物质的数量则容易满足母体的需要。在胚胎发育中期，胎儿和胎盘增重较快，此时母体还需储备一定的营养以供产后泌乳。胎儿约90%的体重在妊娠后期形成，在妊娠的第4个月，胎儿的平均日增重达到40～50g，在妊娠第5个月平均日增重则达到了120～150g。

母羊任何时候的营养状况都对其生产力有着密切的联系。配种前几周的营养状况，决定了所怀羔羊的数量，妊娠期间的营养决定了成活羔羊的数量和羔羊的初生重，而羔羊的初生重和羔羊的存活率与生产性能直接相关。母羊妊娠期间，营养必须充足，才能满足其维持、产毛、胎儿和相关组织的发育。由于在妊娠前15周内胎儿生长幅度较小，该阶段母羊营养需要量只要稍高于维持需要即可。在此期间，胎儿开始在子宫壁着床，营养不良或营养过度，都会对胎儿的着床产生危害。胎盘发育大部分在妊娠的第30～90d完成，胎盘发育不良，会导致胎儿生长速度缓慢，降低羔羊的存活率。妊娠期最后6周是母羊营养需求非常重要的阶段，妊娠后期营养不良，导致羔羊初生重降低，双羔和三羔中初生重不均衡，毛囊发育程度下降和新生羔羊能量储备减少。羔羊的初生重是影响羔羊死亡率的主要因素，而羔羊的初生重在很大程度上取决于母羊的营养，尤其是妊娠后1个月能量的摄入量。

2. 妊娠母羊全混合颗粒饲料配制要点

根据母羊妊娠期营养代谢的特点，结合现阶段我国山羊养殖场规模仍不是很大、集约化程度仍不是很高的国情，只需配制妊娠母羊全混合颗粒饲料一种料型即可，而不需要按妊娠前期和妊娠后期分阶段配制。配制要点为全混合颗粒饲料配方所用饲料原料应就地取材，同时搭配上要多样化，精料和粗料比例一般以4∶6为宜，可以在配方中适量添加如酵母硒、维生素E等可以提高母羊繁殖性能的功能性饲料添加剂。

另外，在母羊繁殖周期中，母体不停地处于胎盘形成、胎儿生长发育、分娩、泌乳等阶段的循环，特殊的生理需要造成体内产生大量的活性氧自由基并积蓄，因此，在妊娠母羊日粮中添加适量的绿原酸、止痢草精油等具有较强抗氧化能力的天然植物提取物，以清除母体氧自由基，促进母羊健康。同时，妊娠母羊全混合颗粒饲料应保证母羊的维生素及矿物质营养。一般地，妊娠母羊全混合颗粒饲料的营养水平为粗蛋白10%～13%，粗脂肪2%～3%，钙1.0%～2.0%，总磷0.6%以上。妊娠母羊全混合颗粒饲料颗粒粒径应在6～8mm，压模的压缩比应在1∶10以下。妊娠母羊饲用的饲料原料也应新鲜、无霉变，以防止饲料原料中霉菌毒素对母羊的繁殖性能造成危害。

（二）妊娠母羊的饲养管理要点

1. 防止流产

妊娠期最重要的饲养管理就是要防止母羊流产，妊娠早期要防止发生早期流产，妊娠后期要围绕保胎防流产来管理。如需放牧，放牧应晚些时候出去，避开霜和露水。进出羊圈要慢，严防拥挤，赶羊不能过急，防止羊群受到惊吓。不能给妊娠母羊饮用冰水，如有条件，给其饮用温水最为适宜。要有足够的食位与水槽，防止采食和饮水时拥挤造成流产。妊娠后期不能驱虫，除非必要，一般也不进行防疫注射。

2. 妊娠期全混合颗粒饲料的饲喂

根据母羊妊娠期营养代谢的特点，母羊妊娠前期应采用限制饲喂的方式，妊娠期全混合颗粒饲料日喂2次，中间投喂粗饲料（干草、秸秆或青草等）或放牧1次为佳，根据投喂粗饲料或放牧的情况确定全混合颗粒饲料喂量，日喂料量为自由采食量的60%～80%（具体视母羊膘情而定）。妊娠后期可减少放牧或不放牧，使用全混合颗粒饲料日喂2次，中间投喂优质粗饲料（干草、秸秆或青草等）或放牧1次为佳，根据投喂粗饲料或放牧的情况确定全混合颗粒饲料喂量，日喂料量为自由采食量的80%～100%（具体视母羊膘情及胎儿数量而定）。直至母羊临产前一个月开始换用哺乳母羊全混合颗粒饲料，以增加妊娠后期的营养。

3. 注意妊娠母羊的防寒与保暖

妊娠母羊应注意冬季防寒，夏季防暑。冬季要堵塞羊舍通风口，防止贼风和寒流的侵袭，达到保温的效果，要让妊娠母羊多活动，多晒太阳，适当增加全混合颗粒饲料的投饲量，增强羊只的御寒能力。夏季气候炎热，要加强羊舍通风，保持地面干燥，多补饲优质青绿饲料，保证饮水不中断，保持羊舍安静，让羊只多休息，以防中暑。

4. 药物防治

母羊在妊娠后期及哺乳前期，易发生妊娠毒血症、缺钙、乳房炎及继发感染引起的全身败血症。因此，应储备糖皮质激素、抗生素、钙制剂、葡萄糖注射液、碳酸氢钠及维生素C等药物以备急用。每天早晚应检查母羊的体况，发现有异常现象应及时治疗。

三、哺乳母羊全混合颗粒饲料饲养技术

母乳是哺乳羔羊的主要营养来源，与羔羊的断奶重、断奶成活率及健康程度密切相关。改善哺乳母羊的饲养管理和营养供给对提高母羊的泌乳力进而提高羔羊的成活率、降低母羊乳房炎发生率等意义重大。母羊的哺乳期一般为90～120d，可以分为哺乳前期（产仔45～60d）和哺乳后期（产仔45～60d至断奶），当前部分规模化养殖场为缩短母羊繁殖间隔，实施早期断奶，母羊的哺乳期营养的重点应放在哺乳前期。

（一）哺乳母羊全混合颗粒饲料配制要点

1.哺乳母羊的生理特点

母羊哺乳前期由于产羔，母羊体质虚弱，需要尽快恢复，羔羊生长发育迅速，需要从母乳中获得大量的营养。同时，母羊在产羔后15～20d内泌乳量增快，并且在随后的1个月内保持较高的泌乳量，这个阶段的母羊将饲料转化成乳汁的能力也比较强，增加全混合颗粒饲料中的营养水平可以起到提高泌乳量的作用。因此，在哺乳前期必须增加营养，保证母羊泌乳的需要。

在哺乳后期，母羊泌乳量逐渐下降，即使大幅度增加全混合颗粒饲料中的营养浓度，也难以达到哺乳前期的泌乳水平。此阶段，羔羊的采食能力和消化能力也逐步提高，可以采食大量的开食料，对母乳的依赖程度逐渐减弱，羔羊生长发育所需的营养物质也基本上可以从开食料中获取，过量饲喂某些或全部养分来强迫性提高母羊的泌乳能力是不可能的，过量的营养只有少部分可以储存在体内，但是大部分被排出体外。

2.哺乳母羊全混合颗粒饲料配制要点

根据母羊哺乳期生理特点和营养需求特点，结合现阶段我国山羊养殖国情，哺乳母羊全混合颗粒饲料不需要分阶段配制。配制要点为配方所用饲料原料应就地取材，原料新鲜，无霉变，无腐败变质，发霉饲料产生的黄曲霉毒素等霉菌毒素可以进入母乳，从而降低羔羊的生产性能。同时，原料在搭配上要多样化，精料和粗料比例一般以5：5为宜，同妊娠母羊全混合颗粒饲料，可以在配方中适量添加如酵母硒、维生素E等可以提高母羊繁殖性能的功能性饲料添加剂以及绿原酸、止痢草精油等具有较强抗氧化能力的天然植物提取物，以清除母体氧自由基，促进母羊健康。同时，哺乳母羊全混合颗粒饲料应保证母羊的维生素及矿物质营养，适当地提高能量水平也

可以提高哺乳母羊的泌乳量。一般地，哺乳母羊全混合颗粒饲料的营养水平为粗蛋白14%～16%，粗脂肪3%～5%，钙1.0%～2.0%，总磷0.6%以上。哺乳母羊全混合颗粒饲料颗粒粒径应在6～8mm，压模的压缩比应在1∶10以下。

（二）哺乳母羊的饲养管理要点

1. 哺乳母羊全混合颗粒饲料的饲喂要点

根据母羊哺乳期的生理特点，母羊产后3～5d由于脾胃虚弱，消化机能减退，大量全混合颗粒饲料的饲喂极易引发母羊发生消化不良，甚至发生营养代谢性疾病。另外，母羊产后已有腹下水肿或乳房严重肿胀等现象，饲喂全混合颗粒饲料过多不仅增加饲养成本，而且会因营养过剩加剧腹下水肿或乳房严重肿胀等症状，甚至导致其患乳房类的疾病。因此，该时期应适当控制全混合颗粒饲料喂量。待母羊产羔1周左右，羔羊的吃乳量明显增高，母羊的产奶量也大幅度提升，这一时期母羊的营养消耗巨大，既要分泌乳汁，又要恢复体况，因此，母羊产羔7d后应逐渐增加全混合颗粒饲料投喂量直至自由采食，并将喂料次数增加到3～4次，以保证哺乳母羊充分的自由采食和充足的营养供应。待到哺乳后期，母羊泌乳量下降，所需营养水平大幅度降低，可以逐步减少哺乳母羊全混合颗粒饲料的供给，逐步过渡到母羊空怀期的饲养管理。如有条件，也可以逐渐取消全混合颗粒饲料的饲喂，转为完全放牧。需要注意的是，少量体况较差的母羊应酌情增加全混合颗粒饲料的饲喂，以促其尽快恢复体况，尽快进入下一个繁殖周期。

2. 母羊产后的护理

母羊分娩后，要喂饮温热的盐水麸皮汤，以恢复体力，盐水麸皮汤的量不要超过1.5L，切忌让母羊产后喝冷水。母羊产后7～10d常有恶露排出，若胎衣、恶露排出异常，要及时诊治。

检查产后母羊的乳房有无异常、硬块，如发现有奶孔闭塞、乳房炎、化脓或乳汁过多等情况，要及时采取相应措施予以处理。同时要注意保暖、防潮、预防感冒。要在距离羊舍较近的牧场放牧，放牧时间由短到长，距离由近到远。

3. 供应充足的饮水

母羊随着妊娠期的延长，需水量逐渐增加，特别是产前、产后母羊易感口渴，饮水不足易发生烦躁不安、泌乳停止，尤其是在高温高湿季节，母羊的需水量更大。因此要保证充足、干净的饮水，以保证顺利产羔和分娩后泌乳的需要。一般地，哺乳母羊每日需水量为4.5～9.0kg。

饮水的温度也十分重要，饮水温度不能超过40℃，因为水温过高会造成瘤胃内微生物的死亡，影响瘤胃的正常功能。在冬季，饮水的温度不能低于5℃，水温过低，瘤胃微生物的生长、活动也会受到影响，同样影响瘤胃的正常功能。而且，水温过低会加大母羊为维持正常体温而增加维持能量的需要。

4. 注意圈舍卫生，防止发生乳房炎

哺乳母羊的圈舍要经常打扫，勤换垫草，圈舍内的胎衣、毛团、石块、烂草等要及时清除，以免羔羊舔食而引起疾病。保持圈舍内清洁、通风和干燥，羊舍每周用草木灰、生石灰等消毒1次，以消灭饲养环境中的病原微生物。羔羊出生后30min内，应用0.1%高锰酸钾溶液清洗母羊乳头，挤掉第一股奶，让羔羊吃初乳。应经常检查母羊的乳房，做好乳房清洁、消毒工作，发现异常及时处理，若有乳房炎的征兆，应及时进行治疗。

5. 加强运动，提高生产力

哺乳母羊每天应保证2h以上的运动，以助于促进其血液循环，提高体质和泌乳能力。

四、空怀母羊全混合颗粒饲料饲养技术

（一）空怀期母羊全混合颗粒饲料饲养技术

空怀期是指母羊分娩断奶后至配种前，以及青年母羊达到配种能力而未配种受孕的时期。母羊的空怀期培育的主要目标是恢复体况。这期间母羊的营养状况对于母羊的发情、排卵和妊娠初期的胎儿发育都有影响，因此应加强饲养管理，使母羊体况尽快得到恢复。配种前1个月应使用哺乳母羊全混合颗粒饲料进行短期优饲，以保证母羊的体质和卵子的质量。全混合颗粒饲料每日饲喂2次，饲喂量应根据母羊的体况进行增减，保证配种前的母羊膘情应达到中等以上，防止过肥和过瘦。

（二）空怀期母羊的发情鉴定与配种适期

母羊的发情表现与膘情、年龄、光照等因素有关。一般来说，在日照逐渐缩短、气温凉爽的秋季，青壮年母羊发情表现较明显，发情持续期可达48h以上，而老龄羊、瘦弱羊及部分处女羊发情表现不太明显，而且持续时间较短。冬季气温偏低时，羊发情表现较差。应强调指出的是，羊个体间表现差异较大，少数母羊表现为安静发情。因此，在绵、山羊繁殖季节，饲养员应勤观察，每天早晚用试情公羊试情，并根据行为表现、外阴部变化和阴道内表现对适宜配种时间做出判断。

母羊的适期配种是提高母羊受胎率的重要条件。从理论上讲，配种应在排卵前几小时或十几小时内进行，才能获得较高的受胎率。但是，由于排卵时间很难准确判断，因此，一般多根据母羊发情开始的时间和发情征兆的变化来确定配种的适宜时间。同时，采用人工授精重复配种技术来提高母羊的受胎率。羊配种的最佳时间是母

羊发情开始后18～24h，这时子宫颈口开张，容易进行子宫颈内配种输精。一般可根据阴道流出的黏液来判定发情的阶段。黏液呈透明黏稠状即是发情开始，颜色为白色即到发情中期，如已浑浊呈不透明的黏胶状，则到了发情晚期，此时是配种输精的最佳时期。但一般母羊发情的开始时间很难判定。根据母羊发情晚期排卵的规律，可以采取早晚两次试情的方法挑选发情母羊。早晨选出的母羊下午输精1次，第二天早上再重复输精1次；晚上选出的母羊第二天早上第一次输精，下午重复输精1次，这样可大大提高受胎率。

第五节　种公羊全混合颗粒饲料饲养技术

俗话说"母羊好，好一窝；公羊好，好一坡"。种公羊是发展养羊生产的重要生产资料，对羊群的生产水平、产品品质都有重要的影响。饲养种公羊最重要的目的，就是要常年保持种公羊良好的种用体况，使种公羊保持旺盛的精力，配种能力及精液品质。种公羊配种能力的大小是检查种公羊饲养管理水平的标准。种公羊管理的优劣直接影响养羊户（场）的经济效益，种公羊饲养要求细致周到，不能过肥，也不能过瘦，应该保持在中上等的膘情，健壮、活泼、精力充沛、性欲旺盛。

一、种公羊全混合颗粒饲料配制要点

（一）种公羊的生理特点

种公羊体格一般较大，生长速度也较快，采食量比较大，性欲强，性情比较暴烈，好斗。种公羊全年营养需要必须维持在较高的水平，以保证常年健康、活泼和精力充沛，维持中等以上的膘情，但是不能过肥。种公羊繁殖季节性欲比较旺盛，精液品质好，进入冬春季，性欲减弱，食欲逐渐增强，这时应加强饲养管理，使其体况良好，精力充沛。夏季天气炎热，影响采食量，此时若营养不良，则较难完成秋季配种。配种期种公羊性欲强烈，食欲下降，很难补充身体消耗，只有尽早加强饲养，才能保证在配种期性欲旺盛，精液品质良好，提高种公羊的利用率。

（二）种公羊全混合颗粒饲料配制要点

根据种公羊的生理特点和营养需求，无论配种期与非配种期，种公羊的全混合颗粒饲料都要求含有足量优质的蛋白质、维生素A、维生素D、维生素E以及无机盐等，并且容易消化、适口性好、多样化，合理搭配。常用的饲料原料如玉米、燕麦、大麦、麸皮、饼粕类、苜蓿、三叶草、燕麦等优质青干草，青贮玉米、饲用甜菜等都比较理想。霉烂变质的饲料坚决不能饲喂种公羊。适当提高全混合颗粒饲料中锌的添加水平到40mg/kg以上可以提高种公羊精液品质，选择性添加二氢吡啶、有机硒、牛磺酸等的功能性饲料添加剂也可以提高种公羊精液品质。由于粉碎的玉米易消化，能量也较高，种公羊全混合颗粒饲料中的添加量不宜过大，以不超过50%为宜。一般地，种公羊全混合颗粒饲料的营养水平为粗蛋白11%~15%，粗脂肪3%~5%，钙0.8%~1.2%，总磷0.4%以上。种公羊全混合颗粒饲料颗粒粒径也应在6~8mm，压模的压缩比在1∶10以下。

二、种公羊饲养管理

（一）种公羊的选择

为了进一步提高羊群质量及生产性能，种公羊的选择至关重要。因此，选择时要根据羊场发展方向和品种特征制定选择标准逐步进行。

1. 根据个体表现特征选种

在初选时主要通过看外貌来确定优劣。要求被选种羊体格大、体质结实、骨骼分布匀称、腿高粗、前胸宽、身腰长，爬跨时稳当。头部与颈部结合良好，头大雄壮，精神旺盛。生殖系统发育正常，两侧睾丸匀称，无疾病和缺陷，性欲旺盛。

2. 根据系谱选种

系谱是反映个体祖先血统来源、生产性能和等级的重要资料，是个体遗传信息的重要来源。如果被选个体好，并且许多标准与亲代具有共同特点，证明遗传性能稳定，就可以考虑留种。在养羊实践中，一般对祖父母代以上祖先的资料较少考虑，在进行系谱比较时，主要考虑该系谱表现的生产力水平（产羔率）和遗传性的稳定情况。

3. 根据旁系品质选种

根据被选个体的半同胞表面特征进行选种，即通过利用同父异母半同胞特征值资料来估算被选个体育种值的方法进行选种。这一方法在养羊业上更有其特殊意义。第一，人工授精繁殖技术在养羊业中应用广泛，同期所生的同父异母半同胞羊数量大，资料容易获得，由于是同期所生，环境影响相同，所以结果也较准确可靠；第二，可以进行早期选择，在被选个体无后代时即可进行。

4. 根据后代选种

后代的好坏也是选留种公羊的依据。个体特征、产羔率和生产性能都好的公羊，其育种价值的高低，还得根据其后代的品质才能做出最后结论。选种的目的在于获得优良后代，如果被选种公羊的后代好，说明该公羊的种用价值高，选种正确。具有较高生产性能的后代，其亲代一般也具有很高的生产性能。

（二）种公羊的合理利用

1. 公羊的调教与配种

种公羊在7~8月龄时，应进行调教，调教前应增加运动量以提高其体质的运动能力和肺活量。调教时，让其接触发情稳定的母羊，最好选择比其体重小的母羊进行训练，不可让其与母羊进行咬架。调教过程中要有耐心，使其不怕人，容易接近，性格温顺，不能棍棒相加。

种公羊的配种应在体成熟以后再进行，不同品种的羊体成熟的年龄不同，一般在12~18月龄。对后备公羊来讲，当其爬跨时，最好人工辅助配种，不可任其自然交配，第1次配种完成时应让其休息，不可长时间训练，待第二天再进行调教，一般调教1h左右为宜，配种后，应休息一段时间，并观察有无异常。

2. 保证配种的受胎率和公羊体质

羊群应保持合理的公母比例以保证配种的受胎率和公羊的体质。一般地，自然交配情况下公母比例为1：（25~30），人工辅助交配情况下公母比例为1：（50~60），人工授精情况下公母比例为1：（200~300）。

3. 掌握好种公羊精子的品质和使用强度

配种开始前1~1.5个月，对参加配种的公羊，应指定有关技术人员对其精液品质进行检查，目的有二：一是掌握公羊精液品质情况，如发现问题，可及早采取措施，以确保配种工作的顺利进行；二是排除公羊生殖器中长期积存下来的衰老、死亡和解体的精子，促进种公羊的性机能活动，产生新精子。开始采精时，一周采精1次，以后一周两次，以后两天1次。到配种时，每天采精1~2次，个别优秀成年公羊每日采精可多到3~4次。多次采精者，两次采精间隔时间为2h，使其有休息时间。对精液密度较低的公羊，可增加优质蛋白质和胡萝卜的饲喂量；对精子活力较差的公羊，需要增加运动量。当放牧运动量不足时，每天早上可酌情定时、定距离和定速度，增加运动量。但要注意，运动和饮水前后半小时不要配种或采精，以免影响公羊健康。

4. 种公羊的利用年限

种公羊繁殖利用的最适年龄为3~6岁，这一时期配种效果最好。应及时淘汰老、弱、病公羊，并做好后备公羊的选育和储备。

（三）种公羊的饲养管理要点

1. 种公羊全混合颗粒饲料饲喂技术

种公羊应饲喂营养全面，容易消化，且适口性好的饲料，以全混合颗粒饲料为佳。非配种期公羊可使用怀孕前期母羊全混合颗粒饲料，配种期公羊可使用哺乳期母羊全混合颗粒饲料，但是如有条件，最好为种公羊配制专用的全混合颗粒饲料。

非配种期的种公羊，虽无配种任务，但它直接关系到种公羊全年的膘情、配种期的配种能力以及精液的品质。配种期过后，种公羊由于经历了一段时间的配种，体力消耗很大，往往出现体重减轻的现象，为了尽快恢复体况，全混合颗粒饲料的饲喂量需先保持一段时间。大约1个月的恢复期，使种公羊的膘情恢复到配种前的体况，然后按非配种期饲养管理办法进行。非配种期的饲养如有条件，应坚持放牧为主，补饲为辅的原则。如必须舍饲，种公羊全混合颗粒饲料可以按配种期饲喂量的50%～60%供给，也可配制非配种期专用全混合颗粒饲料，给种公羊自由采食。另外给予少量优质青干草、胡萝卜等进行补饲。

在配种前1～1.5个月，应当逐渐调整日粮，增加全混合颗粒饲料的饲喂量，先按配种期70%～80%供给，然后增加到配种期标准。

配种期种公羊的饲养管理非常关键，不仅关系到受胎率和繁殖成绩，更影响山羊改良速度、羊群数量发展、生产性能与经济效益的提高。该时期种公羊全混合颗粒饲料应采用自由采食的方式进行饲喂，每天饲喂3～4次，保证种公羊采食到足够的营养。在配种任务较大时，为了提高种公羊的精液品质，可以每天给每只种公羊补饲鸡蛋1～2个。

种公羊各个时期均应保证充足、洁净的饮水，最好自由饮水，在配种或采精后不能让公羊立即饮用冷水，必须停15～20min后才能饮水，冬季应给公羊饮用温水。

2. 保持适当光照和运动，防止肥胖

自然光照可以通过大脑皮层刺激种公羊性腺组织的活动，合成和分泌促性腺激素和性腺激素，调控精子的生成。运动决定精子的活力。所以，保持种公羊每天一定时间的户外放牧活动，既解决了光照和运动问题，也有利于其保持健壮的体质，防止肥胖而影响精子生成和配种能力。

3. 专人管理，单独饲养

种公羊群要安排责任心强、能吃苦耐劳、经验丰富的饲养人员专门管理，不可随意经常更换饲养人员。种公羊需单独组群饲养，户外放牧尽可能远离母羊群。种公羊圈舍要宽敞、坚固、明亮，通风干燥，冬暖夏凉。保持圈舍清洁卫生，定期检疫、驱虫药浴，制定标准化免疫、检验程序，按时剪毛修毛，定期修蹄等。饲养人员要每天注意观察种公羊的精神状态及食欲状况，及时发现异常变化，及时报告，及时处理异常问题。

4. 配种能力健全性检验

在配种前3～4周，除提高营养标准外，还应对种公羊进行配种能力健全性检验，以确定公羊是否有良好的繁殖能力，可否成为优秀种羊。检验的内容包括体质检查、阴囊周长测定、精液品质及性行为观察等几方面。

（1）体质检查。对种公羊的总体情况进行检查，记录各种异常表现。首先，要检查公羊的眼、蹄、腿及阴茎等部位，看是否有妨碍配种的缺陷存在。其次，对体况进行鉴定，记录体况评分。最后，应触摸睾丸和附睾，看是否有疾病、发育不良或不适宜繁殖的特征。

（2）阴囊周长测定。阴囊周长与后备公羊性成熟期及成年公羊配种使用持久性有关。测定时，应在阴囊最粗的地方测定，测尺应松紧适宜。目前尚无专门的山羊阴囊周径标准，各年龄公绵羊最小阴囊周长参考值：5~6月龄为29cm，6~8月龄为30cm，8~10月龄为31cm，10~12月龄为32cm，12~18月龄为33cm，18月龄以上为34cm。

（3）精液品质评定。先用人工假阴道或电刺激采精器采集待评定公羊的精液，然后在低倍和高倍显微镜下对精液进行检查。检查项目包括精液量、精子密度、精子活力和异常精子百分率等。正常公山羊的精液量为0.8（0.5~1.0）ml，精子浓度为2.4（2~5）×10^9/ml，运动精子百分比为80%（70%~90%），正常精子百分比为90%（75%~95%）。

（4）性行为观察。给待鉴定的公羊戴上试情布，再令其接近发情母羊，观察其性欲和交配行为。

（5）综合评定。在逐项检查后，将公羊的繁殖健全性分为优秀、满意、可疑等类。若任何一项检查项目有不满意或有疑问的则判定为不合格，需要在几周后复查，若复查仍不能过关则应坚决将其淘汰。

5. 种公羊的管理

无论配种期还是非配种期，对种公羊的管理都应格外细致，要经常观察种公羊食欲的好坏，发现食欲不振时，即应查找原因，及时解决。种公羊圈舍应宽敞、坚固、通风良好，保持清洁干燥、定期消毒、定期防疫、定期驱虫、定期修蹄，保证种公羊有一个健康的体魄。

种公羊应常年保持中等膘情，不能过肥。舍饲的种公羊每天必须进行运动，最好采取快步驱赶，在40min内走完3km。这样可以使种羊体质健壮，精力充沛，精子活力旺盛。

种公羊需要单独组群饲养，除了配种外，尽量远离母羊，不能公母混养，以防乱配，过度伤身，导致雄性斗志衰退。

6. 种公羊的采精管理

采精次数要根据种羊的年龄、体况和种用价值来确定。成年公羊每天可采精3~4

次，有时可达5~6次，每次采精应有1~2h的间隔。1.5岁的种公羊1d内采精不得超过2次，且不要连续采精。采精过度频繁时，每日可喂1~2个鸡蛋，并保证种公羊每周有1~2d的休息时间，以免因过度消耗养分和体力而造成体况明显下降。公羊在采精前不宜吃得过饱，本交羊群的公羊与母羊应当分群饲养。

第八章　全混合颗粒饲料配方实例

第一节　羔羊全混合颗粒饲料配方实例

一、羔羊开食料配方实例

配方1~4为羔羊开食料配方实例，适用于羔羊哺乳期补饲，待羔羊日平均采食量连续3d超过150g，即可断奶，详见表8-1、表8-2。

表8-1　羔羊开食料配方及营养成分

原料（%）	配方1	配方2	营养成分	配方1	配方2
玉米	37.7	40.7	干物质（%）	89.30	89.80
膨化大豆	12.0	12.0	羊消化能（Mcal/kg）	3.12	3.15
大豆浓缩蛋白	9.0	9.0	粗蛋白（%）	18.26	18.19
葡萄糖	3.0	2.5	钙（%）	0.78	0.87
乳清粉	15.0	12.0	总磷（%）	0.44	0.50
赖氨酸	0.9	0.8	粗料合计（%）	20.0	20.0
蛋氨酸	0.2	0.2			
苏氨酸	0.1	0.2			
苜蓿草粉	20.0	0.0			
饲用油菜	0.0	20.0			
磷酸氢钙	0.3	0.5			
石粉	0.5	0.8			
食盐	0.3	0.3			
预混料	1.0	1.0			
合计	100	100			

表8-2　羔羊开食料配方及营养成分

原料（%）	配方3	配方4	营养成分	配方3	配方4
玉米	38.7	45.6	干物质（%）	89.60	89.90
膨化大豆	9.0	9.0	羊消化能（Mcal/kg）	3.12	3.16
大豆浓缩蛋白	10.0	7.0	粗蛋白（%）	18.08	18.24
葡萄糖	2.5	2.5	钙（%）	0.87	0.80
乳清粉	12.0	0.0	总磷（%）	0.50	0.44
牛奶粉	0.0	9.0	粗料合计（%）	20.0	20.0
赖氨酸	0.8	0.9			
蛋氨酸	0.2	0.2			
苏氨酸	0.2	0.2			
脂肪粉	4.0	3.0			
苜蓿草粉	20.0	20.0			
磷酸氢钙	0.8	0.8			
石粉	0.5	0.5			
食盐	0.3	0.3			
预混料	1.0	1.0			
合计	100	100			

二、断奶羔羊全混合颗粒饲料配方实例

配方5～16为断奶羔羊全混合颗粒饲料配方实例，适用于羔羊断奶过渡及育肥前期，可以有效缓解羔羊的断奶应激，详见表8-3至表8-14。

表8-3　断奶羔羊全混合颗粒饲料配方及营养成分

原料（%）	配方5	营养成分	配方5
玉米	32.3	干物质（%）	86.30
豆粕	15.6	羊消化能（Mcal/kg）	3.14
膨化大豆	5.8	粗蛋白（%）	18.33
油脂粉	2.6	钙（%）	1.63
苜蓿	13.0	总磷（%）	0.73
花生藤	27.0	食盐（%）	0.53
磷酸氢钙	2.2	粗料合计（%）	40.0
食盐	0.5		
预混料	1.0		
合计	100		

表8-4 断奶羔羊全混合颗粒饲料配方及营养成分

原料（%）	配方6	营养成分	配方6
玉米	38.0	干物质（%）	87.50
豆粕	18.0	羊消化能（Mcal/kg）	3.50
油菜籽	6.0	粗蛋白（%）	18.33
小麦麸	4.0	钙（%）	1.14
花生藤	21.0	总磷（%）	0.73
玉米皮	10.0	食盐（%）	0.53
磷酸氢钙	1.6	粗料合计（%）	35.0
食盐	0.4		
预混料	1.0		
合计	100		

表8-5 断奶羔羊全混合颗粒饲料配方及营养成分

原料（%）	配方7	营养成分	配方7
玉米	23.8	干物质（%）	85.50
豆粕	18.0	羊消化能（Mcal/kg）	3.15
油菜籽	7.5	粗蛋白（%）	20.00
菜籽粕	6.0	钙（%）	1.82
花生藤	30.0	总磷（%）	1.01
玉米秸秆	10.0	食盐（%）	0.55
磷酸氢钙	3.2	粗料合计（%）	40.0
食盐	0.5		
预混料	1.0		
合计	100		

表8-6 断奶羔羊全混合颗粒饲料配方及营养成分

原料（%）	配方8	营养成分	配方8
玉米	31.3	干物质（%）	85.70
豆粕	19.5	羊消化能（Mcal/kg）	3.67
油菜籽	7.0	粗蛋白（%）	18.30
花生藤	20.0	钙（%）	1.20
金针菇菌糠	20.0	总磷（%）	0.73
磷酸氢钙	0.7	食盐（%）	0.53
食盐	0.5	粗料合计（%）	40.0

山羊全混合颗粒饲料配制与饲养新技术

（续表）

原料（%）	配方8	营养成分	配方8
预混料	1.0		
合计	100		

表8-7　断奶羔羊全混合颗粒饲料配方及营养成分

原料（%）	配方9	营养成分	配方9
玉米	35.5	干物质（%）	86.10
豆粕	13.7	羊消化能（Mcal/kg）	3.38
油菜籽	7.2	粗蛋白（%）	18.33
苎麻	16.0	钙（%）	2.04
花生藤	24.0	总磷（%）	0.73
磷酸氢钙	2.1	食盐（%）	0.53
食盐	0.5	粗料合计（%）	40.0
预混料	1.0		
合计	100		

表8-8　断奶羔羊全混合颗粒饲料配方及营养成分

原料（%）	配方10	营养成分	配方10
玉米	32.2	干物质（%）	86.80
豆粕	18.2	羊消化能（Mcal/kg）	3.35
油菜籽	7.2	粗蛋白（%）	18.33
油菜	15.0	钙（%）	1.44
花生藤	24.0	总磷（%）	0.73
磷酸氢钙	1.8	食盐（%）	0.53
食盐	0.5	粗料合计（%）	40.0
预混料	1.0		
合计	100		

表8-9　断奶羔羊全混合颗粒饲料配方及营养成分

原料（%）	配方11	营养成分	配方11
玉米	38.0	干物质（%）	87.40
豆粕	13.0	羊消化能（Mcal/kg）	3.13
膨化大豆	6.0	粗蛋白（%）	18.33
苜蓿	25.0	钙（%）	1.63
玉米秸秆	14.5	总磷（%）	0.73

（续表）

原料（%）	配方11	营养成分	配方11
磷酸氢钙	2.0	食盐（%）	0.50
食盐	0.5	粗料合计（%）	39.0
预混料	1.0		
合计	100		

表8-10　断奶羔羊全混合颗粒饲料配方及营养成分

原料（%）	配方12	营养成分	配方12
玉米	37.0	干物质（%）	88.00
豆粕	14.0	羊消化能（Mcal/kg）	3.17
油菜籽	6.2	粗蛋白（%）	18.33
苜蓿	25.0	钙（%）	1.14
油菜秸秆	14.0	总磷（%）	0.73
磷酸氢钙	2.3	食盐（%）	0.50
食盐	0.5	粗料合计（%）	39.0
预混料	1.0		
合计	100		

表8-11　断奶羔羊全混合颗粒饲料配方及营养成分

原料（%）	配方13	营养成分	配方13
玉米	35.3	干物质（%）	87.00
豆粕	16.6	羊消化能（Mcal/kg）	3.28
膨化大豆	6.0	粗蛋白（%）	18.50
盛花期油菜	19.0	钙（%）	1.10
花生藤	21.0	总磷（%）	0.49
磷酸氢钙	0.6	食盐（%）	0.43
食盐	0.5	粗料合计（%）	40.0
预混料	1.0		
合计	100		

表8-12　断奶羔羊全混合颗粒饲料配方及营养成分

原料（%）	配方14	营养成分	配方14
玉米	37.0	干物质（%）	88.60
豆粕	17.0	羊消化能（Mcal/kg）	3.10
膨化大豆	6.4	粗蛋白（%）	18.33

（续表）

原料（%）	配方14	营养成分	配方14
盛花期油菜	26.0	钙（%）	0.80
玉米秸秆	14.0	总磷（%）	0.48
磷酸氢钙	0.6	食盐（%）	0.50
石粉	0.5	粗料合计（%）	40.0
食盐	0.5		
预混料	1.0		
合计	100		

表8-13　断奶羔羊全混合颗粒饲料配方及营养成分

原料（%）	配方15	营养成分	配方15
玉米	32.8	干物质（%）	86.70
豆粕	19.1	羊消化能（Mcal/kg）	3.14
膨化大豆	6.1	粗蛋白（%）	18.50
花生藤	24.0	钙（%）	0.98
玉米秸秆	16.0	总磷（%）	0.42
磷酸氢钙	0.5	食盐（%）	0.43
食盐	0.5	粗料合计（%）	40.0
预混料	1.0		
合计	100		

表8-14　断奶羔羊全混合颗粒饲料配方及营养成分

原料（%）	配方16	营养成分	配方16
玉米	38.0	干物质（%）	86.20
豆粕	11.5	羊消化能（Mcal/kg）	3.34
膨化大豆	6.4	粗蛋白（%）	18.50
苎麻	18.0	钙（%）	1.67
花生藤	24.0	总磷（%）	0.71
磷酸氢钙	0.6	食盐（%）	0.50
食盐	0.5	粗料合计（%）	42.0
预混料	1.0		
合计	100		

第二节　生长育肥羊全混合颗粒饲料配方实例

一、快速育肥羔羊全混合颗粒饲料配方实例

配方17～36为快速育肥羔羊全混合颗粒饲料配方实例，适用于10kg至出栏体重羔羊。使用快速育肥羔羊全混合颗粒饲料，干物质采食量预计达750g/d以上，日增重达120g以上，详见表8–15至表8–33。

表8–15　快速育肥羔羊全混合颗粒饲料配方及营养成分

原料（%）	配方17	配方18	营养成分	配方17	配方18
玉米	30.0	30.0	干物质（%）	88.4	88.1
豆粕	6.0	6.0	消化能（Mcal/kg）	2.72	2.72
菜籽饼	8.0	8.0	粗蛋白（%）	11.2	11.2
玉米秸秆	16.0	30.0	钙（%）	1.10	1.10
花生藤	26.0	22.0	磷（%）	0.64	0.64
谷壳	10.0	0.0	食盐（%）	0.60	0.60
预混料	1.0	1.0	粗料合计（%）	52.0	52
磷酸氢钙	2.5	2.5			
食盐	0.5	0.5			
合计	100	100			

表8–16　快速育肥羔羊全混合颗粒饲料配方及营养成分

原料（%）	配方19	营养成分	配方19
玉米	30.0	干物质（%）	88.2
菜籽饼	12.0	消化能（Mcal/kg）	2.72
花生藤	40.0	粗蛋白（%）	11.2
小麦秸秆	14.0	钙（%）	1.10
预混料	1.0	磷（%）	0.64
磷酸氢钙	2.5	食盐（%）	0.60
食盐	0.5	粗料合计（%）	54
合计	100		

表8-17　快速育肥羔羊全混合颗粒饲料配方及营养成分

原料（%）	配方20	营养成分	配方20
玉米	30.0	干物质	88.5
豆粕	10.0	消化能（Mcal/kg）	2.72
玉米秸秆	26.0	粗蛋白（%）	11.2
小麦秸秆	15.0	钙（%）	1.10
油菜秸秆	15.0	磷（%）	0.64
预混料	1.0	食盐（%）	0.60
磷酸氢钙	2.5	粗料合计（%）	56
食盐	0.5		
合计	100		

表8-18　快速育肥羔羊全混合颗粒饲料配方及营养成分

原料（%）	配方21	营养成分	配方21
玉米	21.7	干物质（%）	86.3
豆粕	6.8	消化能（Mcal/kg）	2.45
麸皮	8.0	粗蛋白（%）	11.21
花生藤	20.0	钙（%）	1.15
玉米秸秆	40.0	磷（%）	0.64
预混料	1.0	食盐（%）	0.50
磷酸氢钙	2.0	粗料合计（%）	60
食盐	0.5		
合计	100		

表8-19　快速育肥羔羊全混合颗粒饲料配方及营养成分

原料（%）	配方22	营养成分	配方22
玉米	24.0	干物质（%）	86.5
豆粕	3.2	消化能（Mcal/kg）	2.75
麸皮	8.0	粗蛋白（%）	10.5
花生藤	30.0	钙（%）	1.31
玉米皮	20.0	磷（%）	0.60
谷壳	12.0	食盐（%）	0.50
预混料	1.0	粗料合计（%）	62
磷酸氢钙	1.3		
食盐	0.5		
合计	100		

表8-20 快速育肥羔羊全混合颗粒饲料配方及营养成分

原料（%）	配方23	营养成分	配方23
玉米	24.0	干物质（%）	88.1
菜籽粕	7.0	消化能（Mcal/kg）	2.72
小麦麸	4.0	粗蛋白（%）	11.2
杏鲍菇菌糠	12.0	钙（%）	1.10
黑麦干草	24.0	磷（%）	0.64
花生藤	11.0	食盐（%）	0.60
油菜秸秆	14.5	粗料合计（%）	61.5
预混料	1.0		
磷酸氢钙	2.0		
食盐	0.5		
合计	100		

表8-21 快速育肥羔羊全混合颗粒饲料配方及营养成分

原料（%）	配方24	营养成分	配方24
玉米	21.0	干物质（%）	88.4
菜籽粕	5.9	消化能（Mcal/kg）	2.55
豆粕	3.7	粗蛋白（%）	11.83
小麦麸	5.8	钙（%）	1.52
金针菇菌糠	20.0	磷（%）	0.78
玉米秸秆	29.0	食盐（%）	0.50
花生藤	10.0	粗料合计（%）	59.0
预混料	1.0		
磷酸氢钙	2.6		
食盐	0.5		
小苏打	0.5		
合计	100		

表8-22 快速育肥羔羊全混合颗粒饲料配方及营养成分

原料（%）	配方25	营养成分	配方25
玉米	14.5	干物质（%）	86.60
小麦	14.0	消化能（Mcal/kg）	2.62
豆粕	7.7	粗蛋白（%）	12.01
玉米秸秆	30.0	钙（%）	1.51

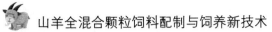

山羊全混合颗粒饲料配制与饲养新技术

（续表）

原料（%）	配方25	营养成分	配方25
花生藤	22.0	磷（%）	0.68
稻草	8.0	食盐（%）	0.54
预混料	1.0	粗料合计（%）	60.0
磷酸氢钙	2.3		
食盐	0.5		
合计	100		

表8-23　快速育肥羔羊全混合颗粒饲料配方及营养成分

原料（%）	配方26	营养成分	配方26
玉米	15.4	干物质（%）	87.10
小麦	14.0	消化能（Mcal/kg）	2.62
花生藤	29.0	粗蛋白（%）	12.01
玉米秸秆	23.0	钙（%）	1.51
油菜秸秆	7.0	磷（%）	0.68
预混料	1.0	食盐（%）	0.60
磷酸氢钙	2.5	粗料合计（%）	59.0
食盐	0.5		
合计	100		

表8-24　快速育肥羔羊全混合颗粒饲料配方及营养成分

原料（%）	配方27	营养成分	配方27
玉米	15.3	干物质（%）	89.10
小麦	12.0	消化能（Mcal/kg）	2.73
豆粕	10.0	粗蛋白（%）	12.01
玉米皮	28.0	钙（%）	0.91
油菜秸秆	17.0	磷（%）	0.68
稻草	14.0	食盐（%）	0.50
预混料	1	粗料合计（%）	59.0
磷酸氢钙	2.2		
食盐	0.5		
合计	100		

表8-25　快速育肥羔羊全混合颗粒饲料配方及营养成分

原料（%）	配方28	营养成分	配方28
玉米	20.0	干物质	85.90
小麦	14.0	消化能（Mcal/kg）	3.08
豆粕	3.6	粗蛋白（%）	12.01
花生藤	32.0	钙（%）	1.51
玉米皮	27.0	磷（%）	0.68
预混料	1.0	食盐（%）	0.60
磷酸氢钙	1.9	粗料合计（%）	59.0
食盐	0.5		
合计	100		

表8-26　快速育肥羔羊全混合颗粒饲料配方及营养成分

原料（%）	配方29	营养成分	配方29
玉米	24.0	干物质（%）	85.90
小麦	13.5	消化能（Mcal/kg）	2.99
豆粕	5.5	粗蛋白（%）	12.01
花生藤	24.0	钙（%）	1.04
金针菇菌糠	21.0	磷（%）	0.64
稻草	10.0	食盐（%）	0.75
预混料	1.0	粗料合计（%）	55.0
磷酸氢钙	0.5		
食盐	0.5		
合计	100		

表8-27　快速育肥羔羊全混合颗粒饲料配方及营养成分

原料（%）	配方30	营养成分	配方30
玉米	24.5	干物质（%）	86.60
小麦	10.0	消化能（Mcal/kg）	2.90
豆粕	6.0	粗蛋白（%）	12.01
花生藤	27.0	钙（%）	1.82
杏鲍菇菌糠	20.0	磷（%）	0.68
谷壳	10.0	食盐（%）	0.50
预混料	1.0	粗料合计（%）	56.0
磷酸氢钙	2.0		
食盐	0.5		
合计	100		

表8-28　快速育肥羔羊全混合颗粒饲料配方及营养成分

原料（%）	配方31	营养成分	配方31
玉米	15.0	干物质（%）	86.60
小麦	14.0	消化能（Mcal/kg）	2.62
菜籽饼	7.0	粗蛋白（%）	12.01
豆粕	2.4	钙（%）	1.51
花生藤	30.0	磷（%）	0.68
玉米秸秆	23.0	食盐（%）	0.50
稻草	5.0	粗料合计（%）	58.0
预混料	1.0		
磷酸氢钙	2.1		
食盐	0.5		
合计	100		

表8-29　快速育肥羔羊全混合颗粒饲料配方及营养成分

原料（%）	配方32	营养成分	配方32
玉米	17.2	干物质（%）	87.00
小麦	14.0	消化能（Mcal/kg）	2.70
豆粕	3.2	粗蛋白（%）	12.01
菜籽饼	6.0	钙（%）	1.51
花生藤	29.0	磷（%）	0.68
玉米秸秆	18.0	食盐（%）	0.57
油菜秸秆	9.0	粗料合计（%）	56.0
预混料	1.0		
磷酸氢钙	2.1		
食盐	0.5		
合计	100		

表8-30　快速育肥羔羊全混合颗粒饲料配方及营养成分

原料（%）	配方33	营养成分	配方33
玉米	24.5	干物质（%）	85.70
小麦	9.5	消化能（Mcal/kg）	2.96
菜籽饼	8.0	粗蛋白（%）	12.13
花生藤	28.0	钙（%）	1.52
金针菇菌糠	20.0	磷（%）	1.08

（续表）

原料（%）	配方33	营养成分	配方33
稻草	8.0	食盐（%）	0.50
预混料	1.0	粗料合计（%）	56.0
食盐	0.5		
小苏打	0.5		
合计	100		

表8-31 快速育肥羔羊全混合颗粒饲料配方及营养成分

原料（%）	配方34	营养成分	配方34
玉米	19.5	干物质（%）	86.30
小麦	13.9	消化能（Mcal/kg）	2.92
菜籽饼	7.8	粗蛋白（%）	12.36
花生藤	31.0	钙（%）	1.84
杏鲍菇菌糠	17.0	磷（%）	0.68
稻草	7.0	食盐（%）	0.50
预混料	1.0	粗料合计（%）	55.0
磷酸氢钙	1.8		
食盐	0.5		
小苏打	0.5		
合计	100		

表8-32 快速育肥羔羊全混合颗粒饲料配方及营养成分

原料（%）	配方35	营养成分	配方35
玉米	16.9	干物质（%）	86.20
小麦	14.0	消化能（Mcal/kg）	2.78
菜籽饼	8.0	粗蛋白（%）	12.26
花生藤	31.0	钙（%）	1.48
玉米皮	18.0	磷（%）	0.68
谷壳	9.0	食盐（%）	0.56
预混料	1.0	粗料合计（%）	58.0
磷酸氢钙	2.6		
食盐	0.5		
合计	100		

表8-33　快速育肥羔羊全混合颗粒饲料配方及营养成分

原料（%）	配方36	营养成分	配方36
玉米	16.4	干物质（%）	86.40
小麦	14.0	消化能（Mcal/kg）	2.62
菜籽饼	8.0	粗蛋白（%）	12.01
花生藤	28.0	钙（%）	1.51
玉米秸秆	24.0	磷（%）	0.68
大豆秸秆	6.0	食盐（%）	0.50
预混料	1.0	粗料合计（%）	58.0
磷酸氢钙	2.1		
食盐	0.5		
合计	100		

二、集中育肥肉羊全混合颗粒饲料配方实例

配方37～56为集中育肥肉羊全混合颗粒饲料配方实例，适用于10～30kg体重育肥山羊。使用集中育肥肉羊全混合颗粒饲料，干物质采食量预计达800g/d以上，日增重达100g以上，详见表8-34至表8-47。

表8-34　集中育肥肉羊全混合颗粒饲料配方及营养成分

原料（%）	配方37	营养成分	配方37
玉米	31.0	干物质（%）	86.9
菜籽饼	10.0	消化能（Mcal/kg）	2.58
花生藤	30.0	粗蛋白（%）	11.8
油菜杆	15.0	钙（%）	1.73
谷壳	10.0	磷（%）	0.80
预混料	1.0	食盐（%）	0.55
磷酸氢钙	2.5	粗料合计（%）	55
食盐	0.5		
合计	100		

表8-35　集中育肥肉羊全混合颗粒饲料配方及营养成分

原料（%）	配方38	营养成分	配方38
玉米	30.0	干物质（%）	88.5
豆粕	10.0	消化能（Mcal/kg）	2.72
花生藤	30.0	粗蛋白（%）	11.2

（续表）

原料（%）	配方38	营养成分	配方38
稻草	26.0	钙（%）	1.10
预混料	1.0	磷（%）	0.64
磷酸氢钙	2.5	食盐（%）	0.60
食盐	0.5	粗料合计（%）	56
合计	100		

表8-36　集中育肥肉羊全混合颗粒饲料配方及营养成分

原料（%）	配方39	营养成分	配方39
玉米	30.0	干物质	88.5
豆粕	12.0	消化能（Mcal/kg）	2.72
花生藤	24.0	粗蛋白（%）	11.2
稻草	15.0	钙（%）	1.10
花生壳	15.0	磷（%）	0.64
预混料	1.0	食盐（%）	0.60
磷酸氢钙	2.5	粗料合计（%）	54
食盐	0.5		
合计	100		

表8-37　集中育肥肉羊全混合颗粒饲料配方及营养成分

原料（%）	配方40	营养成分	配方40
玉米	30.0	干物质（%）	86.5
豆粕	6.0	消化能（Mcal/kg）	2.49
菜籽饼	5.0	粗蛋白（%）	11.6
花生藤	29.0	钙（%）	1.69
花生壳	16.0	磷（%）	0.79
谷壳	10.0	食盐（%）	0.54
预混料	1.0	粗料合计（%）	55
磷酸氢钙	2.5		
食盐	0.5		
合计	100		

表8-38　集中育肥肉羊全混合颗粒饲料配方及营养成分

原料（%）	配方41	配方42	营养成分	配方41	配方42
玉米	19.5	15.0	干物质（%）	87.4	87.3

（续表）

原料（%）	配方41	配方42	营养成分	配方41	配方42
菜籽饼	7.9	7.6	消化能（Mcal/kg）	2.45	2.45
豆粕	3.3	2.4	粗蛋白（%）	11.21	11.21
麸皮	4.0	3.5	钙（%）	1.60	1.60
花生藤	34.0	34.0	磷（%）	0.64	0.64
油菜秆	18.0	14.0	食盐（%）	0.50	0.50
谷壳	10.0	0.0	粗料合计（%）	62	68
玉米秸秆	0.0	20.0			
预混料	1.0	1.0			
磷酸氢钙	1.8	2.0			
食盐	0.5	0.5			
合计	100	100			

表8-39　集中育肥肉羊全混合颗粒饲料配方及营养成分

原料（%）	配方43	配方44	营养成分	配方43	配方44
玉米	15.9	14.0	干物质（%）	86.3	86.5
菜籽饼	7.2	5.8	消化能（Mcal/kg）	2.45	2.78
豆粕	1.5	2.7	粗蛋白（%）	11.21	12.70
麸皮	4.0	5.8	钙（%）	1.60	1.77
花生藤	37.0	40.0	磷（%）	0.64	0.73
小麦秸秆	31.0	0.0	食盐（%）	0.50	0.57
金针菇菌糠	0.0	30.0	粗料合计（%）	68	70
预混料	1.0	1.0			
磷酸氢钙	1.9	0.2			
食盐	0.5	0.5			
合计	100	100			

表8-40　集中育肥肉羊全混合颗粒饲料配方及营养成分

原料（%）	配方45	配方46	营养成分	配方45	配方46
玉米	24.7	24.3	干物质（%）	86.90	85.90
豆粕	7.5	7.0	消化能（Mcal/kg）	2.45	2.61
花生藤	25.0	41.0	粗蛋白（%）	11.21	11.21
玉米秸秆	34.0	24.0	钙（%）	1.41	1.77
大豆秸秆	5.0	0.0	磷（%）	0.64	0.64
预混料	1.0	1.0	食盐（%）	0.50	0.53

（续表）

原料（%）	配方45	配方46	营养成分	配方45	配方46
磷酸氢钙	2.3	2.5	粗料合计（%）	64.0	65.0
食盐	0.5	0.5			
合计	100	100			

表8-41 集中育肥肉羊全混合颗粒饲料配方及营养成分

原料（%）	配方47	营养成分	配方47
玉米	20.3	干物质（%）	86.10
豆粕	8.0	消化能（Mcal/kg）	2.66
花生藤	52.0	粗蛋白（%）	11.21
油菜秸秆	16.0	钙（%）	2.18
预混料	1.0	磷（%）	0.64
磷酸氢钙	2.2	食盐（%）	0.53
食盐	0.5	粗料合计（%）	68.0
合计	100		

表8-42 集中育肥肉羊全混合颗粒饲料配方及营养成分

原料（%）	配方48	配方49	营养成分	配方48	配方49
玉米	24.1	24.0	干物质（%）	85.90	86.40
豆粕	2.5	3.5	消化能（Mcal/kg）	2.60	2.58
菜籽饼	5.8	5.9	粗蛋白（%）	11.21	11.21
花生藤	41.0	34.0	钙（%）	1.76	1.56
玉米秸秆	23.0	21.0	磷（%）	0.64	0.64
稻草	0.0	8.0	食盐（%）	0.54	0.53
预混料	1.0	1.0	粗料合计（%）	64.0	63.0
磷酸氢钙	2.1	2.1			
食盐	0.5	0.5			
合计	100	100			

表8-43 集中育肥肉羊全混合颗粒饲料配方及营养成分

原料（%）	配方50	营养成分	配方50
玉米	16.0	干物质（%）	86.00
小麦	11.3	消化能（Mcal/kg）	2.61
豆粕	5.0	粗蛋白（%）	11.21
花生藤	41.0	钙（%）	1.77

（续表）

原料（%）	配方50	营养成分	配方50
玉米秸秆	23.0	磷（%）	0.64
预混料	1.0	食盐（%）	0.53
磷酸氢钙	2.2	粗料合计（%）	64.0
食盐	0.5		
合计	100		

表8-44　集中育肥肉羊全混合颗粒饲料配方及营养成分

原料（%）	配方51	配方52	营养成分	配方51	配方52
玉米	16.0	17.0	干物质（%）	86.30	87.00
小麦	16.3	16.0	消化能（Mcal/kg）	2.86	2.83
豆粕	3.2	3.7	粗蛋白（%）	11.21	11.21
花生藤	31.0	31.0	钙（%）	1.20	1.93
金针菇菌糠	21.0	0.0	磷（%）	0.65	0.64
油菜秸秆	11.0	11.0	食盐（%）	0.50	0.50
杏鲍菇菌糠	0.0	18.0	粗料合计（%）	63.0	60.0
预混料	1.0	1.0			
食盐	0.5	0.5			
磷酸氢钙	0.0	1.8			
合计	100	100			

表8-45　集中育肥肉羊全混合颗粒饲料配方及营养成分

原料（%）	配方53	营养成分	配方53
玉米	15.0	干物质（%）	88.60
小麦	10.7	消化能（Mcal/kg）	2.82
豆粕	4.5	粗蛋白（%）	11.21
玉米皮	30.0	钙（%）	0.97
油菜秸秆	19.0	磷（%）	0.64
金针菇菌糠	18.0	食盐（%）	0.50
预混料	1.0	粗料合计（%）	67.0
石粉	1.3		
食盐	0.5		
合计	100		

表8-46 集中育肥肉羊全混合颗粒饲料配方及营养成分

原料（%）	配方54	配方55	营养成分	配方54	配方55
玉米	14.2	14.0	干物质（%）	86.90	86.60
小麦	10.0	10.0	消化能（Mcal/kg）	2.46	2.52
菜籽饼	8.2	8.5	粗蛋白（%）	11.21	11.21
玉米秸秆	36.0	31.0	钙（%）	1.38	1.48
花生藤	28.0	25.0	磷（%）	0.64	0.64
稻草	0.0	8.0	食盐（%）	0.50	0.50
预混料	1.0	1.0	粗料合计（%）	64.0	64.0
磷酸氢钙	2.1	2.0			
食盐	0.5	0.5			
合计	100	100			

表8-47 集中育肥肉羊全混合颗粒饲料配方及营养成分

原料（%）	配方56	营养成分	配方56
玉米	14.4	干物质（%）	86.50
小麦	10.0	消化能（Mcal/kg）	2.47
菜籽饼	7.0	粗蛋白（%）	11.21
花生藤	31.0	钙（%）	1.57
玉米秸秆	28.0	磷（%）	0.64
大豆秸秆	6.0	食盐（%）	0.50
预混料	1.0	粗料合计（%）	65.0
磷酸氢钙	2.1		
食盐	0.5		
合计	100		

第三节 母羊全混合颗粒饲料配方实例

一、妊娠期母羊全混合颗粒饲料配方实例

配方57～76为妊娠期母羊全混合颗粒饲料配方实例，适用于母羊怀孕阶段至产羔前一个月，详见表8-48至表8-62。

表8-48 妊娠期母羊全混合颗粒饲料配方及营养成分

原料（%）	配方57	配方58	营养成分	配方57	配方58
玉米	30.3	30.0	干物质（%）	86.9	86.7
菜籽饼	6.0	5.8	消化能（Mcal/kg）	2.82	2.87
豆粕	4.0	3.1	粗蛋白（%）	12.0	11.25
麸皮	6.0	5.4	钙（%）	1.00	1.08
花生藤	28.0	31.0	磷（%）	0.56	0.66
小麦秸秆	14.0	0.0	食盐（%）	0.41	0.41
油菜秸秆	10.0	9.0	粗料合计（%）	52	54
稻草	0.0	13.0			
预混料	1.0	1.0			
磷酸氢钙	0.3	0.3			
食盐	0.4	0.4			
合计	100	100			

表8-49 妊娠期母羊全混合颗粒饲料配方及营养成分

原料（%）	配方59	营养成分	配方59
玉米	29.0	干物质（%）	86.4
豆粕	5.2	消化能（Mcal/kg）	2.89
麸皮	8.0	粗蛋白（%）	11.09
花生藤	32.0	钙（%）	0.83
玉米皮	13.0	磷（%）	0.50
谷壳	10.0	食盐（%）	0.50
预混料	1.0	粗料合计（%）	55
磷酸氢钙	1.3		
食盐	0.5		
合计	100		

表8-50 妊娠期母羊全混合颗粒饲料配方及营养成分

原料（%）	配方60	营养成分	配方60
玉米	26.0	干物质（%）	86.6
豆粕	6.0	消化能（Mcal/kg）	2.52
菜籽饼	10.0	粗蛋白（%）	12.3
花生壳	16.0	钙（%）	1.16
花生藤	29.0	磷（%）	0.63

（续表）

原料（%）	配方60	营养成分	配方60
谷壳	10.0	食盐（%）	0.55
预混料	1.0	粗料合计（%）	55
磷酸氢钙	1.5		
食盐	0.5		
合计	100		

表8-51 妊娠期母羊全混合颗粒饲料配方及营养成分

原料（%）	配方61	营养成分	配方61
玉米	28.0	干物质（%）	87.2
菜籽饼	14.0	消化能（Mcal/kg）	2.59
花生藤	28.0	粗蛋白（%）	12.1
油菜杆	17.0	钙（%）	1.05
谷壳	10.0	磷（%）	0.62
预混料	1.0	食盐（%）	0.55
磷酸氢钙	1.5	粗料合计（%）	55
食盐	0.5		
合计	100		

表8-52 妊娠期母羊全混合颗粒饲料配方及营养成分

原料（%）	配方62	营养成分	配方62
玉米	28.0	干物质（%）	87.08
豆粕	4.5	消化能（Mcal/kg）	2.63
麸皮	5.6	粗蛋白（%）	10.08
花生藤	21.0	钙（%）	0.73
玉米秸秆	39.0	磷（%）	0.33
预混料	1.0	食盐（%）	0.50
磷酸氢钙	0.4	粗料合计（%）	60
食盐	0.5		
合计	100		

表8-53 妊娠期母羊全混合颗粒饲料配方及营养成分

原料（%）	配方63	营养成分	配方63
玉米	27.0	干物质（%）	87.1
菜籽饼	6.5	消化能（Mcal/kg）	2.76

（续表）

原料（%）	配方63	营养成分	配方63
花生藤	31.0	粗蛋白（%）	11.1
玉米秸秆	14.0	钙（%）	1.13
金针菇菌糠	20.0	磷（%）	0.63
预混料	1.0	食盐（%）	0.51
食盐	0.5	粗料合计（%）	65
合计	100		

表8-54　妊娠期母羊全混合颗粒饲料配方及营养成分

原料（%）	配方64	营养成分	配方64
玉米	7.2	干物质（%）	87.6
小麦	14.0	消化能（Mcal/kg）	2.67
菜籽饼	8.0	粗蛋白（%）	11.69
花生藤	50.0	钙（%）	1.06
稻草	19.0	磷（%）	0.62
预混料	1	食盐（%）	0.50
磷酸氢钙	0.3	粗料合计（%）	69
食盐	0.4		
合计	100		

表8-55　妊娠期母羊全混合颗粒饲料配方及营养成分

原料（%）	配方65	营养成分	配方65
玉米	16.5	干物质（%）	86.80
豆粕	4.6	消化能（Mcal/kg）	2.63
麸皮	8.0	粗蛋白（%）	10.08
花生藤	47.0	钙（%）	1.60
油菜秸秆	22.0	磷（%）	0.62
预混料	1.0	食盐（%）	0.5
磷酸氢钙	0.4	粗料合计（%）	69.0
食盐	0.5		
合计	100		

表8-56　妊娠期母羊全混合颗粒饲料配方及营养成分

原料（%）	配方66	营养成分	配方66
玉米	19.4	干物质（%）	86.30

（续表）

原料（%）	配方66	营养成分	配方66
麸皮	7.8	消化能（Mcal/kg）	2.66
豆粕	3.0	粗蛋白（%）	10.08
花生藤	46.0	钙（%）	1.60
油菜秸秆	16.0	磷（%）	0.64
大豆秸秆	6.0	食盐（%）	0.50
预混料	1.0	粗料合计（%）	68.0
磷酸氢钙	0.3		
食盐	0.5		
合计	100		

表8-57 妊娠期母羊全混合颗粒饲料配方及营养成分

原料（%）	配方67	配方68	营养成分	配方67	配方68
玉米	21.0	24.6	干物质（%）	85.20	85.90
菜籽饼	5.8	5.9	消化能（Mcal/kg）	2.72	2.84
麸皮	5.5	6.0	粗蛋白（%）	11.70	11.59
花生藤	46.0	42.0	钙（%）	1.60	1.60
玉米秸秆	8.0	8.0	磷（%）	0.64	0.34
大豆秸秆	11.0	0.0	食盐（%）	0.50	0.50
杏鲍菇菌糠	0.0	12.0	粗料合计（%）	65.0	62.0
预混料	1.0	1.0			
磷酸氢钙	1.2	0.0			
食盐	0.5	0.5			
合计	100	100			

表8-58 妊娠期母羊全混合颗粒饲料配方及营养成分

原料（%）	配方69	配方70	营养成分	配方69	配方70
玉米	15.4	15.2	干物质（%）	86.10	86.10
小麦	7.9	8.0	消化能（Mcal/kg）	2.63	2.63
豆粕	3.9	5.9	粗蛋白（%）	11.08	11.05
麸皮	5.9	4.0	钙（%）	1.32	1.32
花生藤	41.0	40.0	磷（%）	0.32	0.32
玉米秸秆	24.0	13.0	食盐（%）	0.55	0.50
小麦秸秆	0.0	12.0	粗料合计（%）	65.0	65.0

山羊全混合颗粒饲料配制与饲养新技术

（续表）

原料（%）	配方69	配方70	营养成分	配方69	配方70
预混料	1.0	1.0			
磷酸氢钙	0.4	0.4			
食盐	0.5	0.5			
合计	100	100			

表8-59 妊娠期母羊全混合颗粒饲料配方及营养成分

原料（%）	配方71	配方72	营养成分	配方71	配方72
玉米	18.5	20.9	干物质（%）	86.10	86.0
小麦	8.5	7.5	消化能（Mcal/kg）	2.63	2.63
菜籽饼	5.0	3.5	粗蛋白（%）	10.08	10.08
花生藤	41.0	41.0	钙（%）	1.37	1.37
玉米秸秆	14.0	25.0	磷（%）	0.33	0.32
稻草	11.0	0.0	食盐（%）	0.50	0.50
预混料	1.0	1.0	粗料合计（%）	66.0	66.0
磷酸氢钙	0.5	0.6			
食盐	0.5	0.5			
合计	100	100			

表8-60 妊娠期母羊全混合颗粒饲料配方及营养成分

原料（%）	配方73	配方74	营养成分	配方73	配方74
玉米	16.5	20.9	干物质（%）	86.60	86.0
小麦	10.0	7.5	消化能（Mcal/kg）	2.63	2.63
菜籽饼	4.5	3.5	粗蛋白（%）	10.08	10.08
花生藤	41.0	41.0	钙（%）	1.44	1.37
玉米秸秆	15.0	25.0	磷（%）	0.33	0.32
油菜秸秆	11.0	0.0	食盐（%）	0.50	0.50
预混料	1.0	1.0	粗料合计（%）	67.0	66.0
磷酸氢钙	0.5	0.6			
食盐	0.5	0.5			
合计	100	100			

表8-61 妊娠期母羊全混合颗粒饲料配方及营养成分

原料（%）	配方75	营养成分	配方75
玉米	21.0	干物质（%）	85.90

（续表）

原料（%）	配方75	营养成分	配方75
小麦	10.0	消化能（Mcal/kg）	2.83
菜籽饼	3.0	粗蛋白（%）	10.08
花生藤	38.0	钙（%）	1.60
油菜秸秆	10.0	磷（%）	0.48
金针菇菌糠	16.0	食盐（%）	0.50
预混料	1.0	粗料合计（%）	64.0
磷酸氢钙	0.5		
食盐	0.5		
合计	100		

表8-62　妊娠期母羊全混合颗粒饲料配方及营养成分

原料（%）	配方76	营养成分	配方76
玉米	17.0	干物质（%）	86.00
小麦	8.0	消化能（Mcal/kg）	2.63
菜籽饼	2.1	粗蛋白（%）	10.08
麸皮	6.0	钙（%）	1.32
花生藤	41.0	磷（%）	0.33
玉米秸秆	12.0	食盐（%）	0.50
小麦秸秆	12.0	粗料合计（%）	65.0
预混料	1.0		
磷酸氢钙	0.4		
食盐	0.5		
合计	100		

二、哺乳期母羊全混合颗粒饲料配方实例

配方77～96为哺乳期母羊全混合颗粒饲料配方实例，适用于母羊产羔前1个月至羔羊断奶期间，详见表8-63至表8-78。

表8-63　哺乳期母羊全混合颗粒饲料配方及营养成分

原料（%）	配方77	配方78	营养成分	配方77	配方78
玉米	12.5	14.2	干物质（%）	86.50	86.60
小麦	12.0	11.0	消化能（Mcal/kg）	2.72	2.72
豆粕	8.6	13.6	粗蛋白（%）	14.75	14.75

（续表）

原料（%）	配方77	配方78	营养成分	配方77	配方78
菜籽饼	6.0	0.0	钙（%）	1.26	1.27
花生藤	35.0	35.0	磷（%）	0.40	0.40
玉米秸秆	24.0	24.0	食盐（%）	0.38	0.50
预混料	1.0	1.0	粗料合计（%）	59.0	59.0
磷酸氢钙	0.5	0.7			
食盐	0.4	0.5			
合计	100	100			

表8-64　哺乳期母羊全混合颗粒饲料配方及营养成分

原料（%）	配方79	配方80	营养成分	配方79	配方80
玉米	12.1	12.9	干物质（%）	86.50	87.10
小麦	10.0	10.0	消化能（Mcal/kg）	2.72	2.72
豆粕	9.8	10.0	粗蛋白（%）	14.75	14.75
菜籽饼	6.0	6.0	钙（%）	1.26	1.32
花生藤	35.0	35.0	磷（%）	0.40	0.40
玉米秸秆	17.0	13.0	食盐（%）	0.50	0.50
稻草	8.0	0.0	粗料合计（%）	60.0	59.0
油菜秸秆	0.0	11.0			
预混料	1.0	1.0			
磷酸氢钙	0.6	0.6			
食盐	0.5	0.5			
合计	100	100			

表8-65　哺乳期母羊全混合颗粒饲料配方及营养成分

原料（%）	配方81	配方82	营养成分	配方81	配方82
玉米	17.0	16.2	干物质（%）	86.30	86.70
豆粕	15.0	14.8	消化能（Mcal/kg）	2.72	2.72
麸皮	6.0	6.0	粗蛋白（%）	14.75	14.75
花生藤	39.0	39.0	钙（%）	1.34	1.39
玉米秸秆	14.0	12.0	磷（%）	0.40	0.40
稻草	7.0	0.0	食盐（%）	0.53	0.47
油菜秸秆	0.0	10.0	粗料合计（%）	60.0	61.0
预混料	1.0	1.0			
磷酸氢钙	0.6	0.6			

（续表）

原料（%）	配方81	配方82	营养成分	配方81	配方82
食盐	0.4	0.4			
合计	100	100			

表8-66 哺乳期母羊全混合颗粒饲料配方及营养成分

原料（%）	配方83	配方84	营养成分	配方83	配方84
玉米	24.0	21.5	干物质（%）	85.80	85.90
豆粕	12.7	12.5	消化能（Mcal/kg）	2.91	2.77
麸皮	6.0	6.0	粗蛋白（%）	14.75	14.75
花生藤	34.0	38.0	钙（%）	1.18	1.40
玉米秸秆	10.0	12.0	磷（%）	0.55	0.40
金针菇菌糠	12.0	0.0	食盐（%）	0.38	0.50
大豆秸秆	0.0	8.0	粗料合计（%）	56.0	58.0
预混料	1.0	1.0			
磷酸氢钙	0.0	0.5			
食盐	0.3	0.5			
合计	100	100			

表8-67 哺乳期母羊全混合颗粒饲料配方及营养成分

原料（%）	配方85	营养成分	配方85
玉米	11.4	干物质（%）	87.4
豆粕	9.5	消化能（Mcal/kg）	2.72
菜籽饼	6.4	粗蛋白（%）	14.75
麸皮	5.0	钙（%）	0.76
花生藤	36.0	磷（%）	0.40
杏鲍菇菌糠	17.0	食盐（%）	0.53
油菜秸秆	13.0	粗料合计（%）	66
预混料	1.0		
磷酸氢钙	0.4		
食盐	0.3		
合计	100		

表8-68 哺乳期母羊全混合颗粒饲料配方及营养成分

原料（%）	配方86	营养成分	配方86
玉米	5.0	干物质（%）	87.3

（续表）

原料（%）	配方86	营养成分	配方86
小麦	14.3	消化能（Mcal/kg）	2.72
豆粕	6.0	粗蛋白（%）	14.16
菜籽饼	7.8	钙（%）	1.54
花生藤	46.0	磷（%）	0.68
稻草	19.0	食盐（%）	0.50
预混料	1.0	粗料合计（%）	65
磷酸氢钙	0.4		
食盐	0.5		
合计	100		

表8-69 哺乳期母羊全混合颗粒饲料配方及营养成分

原料（%）	配方87	营养成分	配方87
玉米	20.0	干物质（%）	87.9
豆粕	11.0	消化能（Mcal/kg）	2.72
菜籽饼	6.4	粗蛋白（%）	14.75
麸皮	5.1	钙（%）	0.83
金针菇菌糠	28.0	磷（%）	0.66
小麦秸秆	17.0	食盐（%）	0.54
油菜秸秆	11.0	粗料合计（%）	56
预混料	1.0		
食盐	0.5		
合计	100		

表8-70 哺乳期母羊全混合颗粒饲料配方及营养成分

原料（%）	配方88	营养成分	配方88
玉米	23.5	干物质（%）	86.0
豆粕	10.4	消化能（Mcal/kg）	2.92
菜籽饼	6.2	粗蛋白（%）	14.8
麸皮	5.1	钙（%）	0.76
花生藤	39.0	磷（%）	0.40
稻草	14.0	食盐（%）	0.54
预混料	1.0	粗料合计（%）	53
磷酸氢钙	0.3		
食盐	0.5		
合计	100		

表8-71　哺乳期母羊全混合颗粒饲料配方及营养成分

原料（%）	配方89	营养成分	配方89
玉米	22.0	干物质（%）	86.9
豆粕	14.1	消化能（Mcal/kg）	2.72
麸皮	10.0	粗蛋白（%）	14.75
花生藤	21.0	钙（%）	0.78
玉米秸秆	31.0	磷（%）	0.40
预混料	1.0	食盐（%）	0.50
磷酸氢钙	0.4	粗料合计（%）	52
食盐	0.5		
合计	100		

表8-72　哺乳期母羊全混合颗粒饲料配方及营养成分

原料（%）	配方90	营养成分	配方90
玉米	26.6	干物质（%）	87.3
豆粕	15.7	消化能（Mcal/kg）	2.96
花生藤	20.0	粗蛋白（%）	15.7
玉米皮	16.0	钙（%）	0.77
谷壳	10.0	磷（%）	0.44
预混料	1.0	食盐（%）	0.50
磷酸氢钙	0.2	粗料合计（%）	46
食盐	0.5		
合计	100		

表8-73　哺乳期母羊全混合颗粒饲料配方及营养成分

原料（%）	配方91	营养成分	配方91
玉米	30.0	干物质（%）	87.0
豆粕	12.0	消化能（Mcal/kg）	2.65
菜籽饼	9.4	粗蛋白（%）	15.0
花生壳	15.0	钙（%）	1.39
花生藤	20.0	磷（%）	0.78
谷壳	10.0	食盐（%）	0.56
预混料	1.0	粗料合计（%）	45
磷酸氢钙	2.1		
食盐	0.5		
合计	100		

表8-74　哺乳期母羊全混合颗粒饲料配方及营养成分

原料（%）	配方92	营养成分	配方92
玉米	32.0	干物质（%）	87.2
豆粕	11.4	消化能（Mcal/kg）	2.84
菜籽饼	8.0	粗蛋白（%）	14.8
花生藤	24.0	钙（%）	1.42
油菜秆	15.0	磷（%）	0.76
谷壳	6.0	食盐（%）	0.55
预混料	1.0	粗料合计（%）	45
磷酸氢钙	2.1		
食盐	0.5		
合计	100		

表8-75　哺乳期母羊全混合颗粒饲料配方及营养成分

原料（%）	配方93	营养成分	配方93
玉米	19.8	干物质（%）	87.00
豆粕	15.2	消化能（Mcal/kg）	2.77
麸皮	6.0	粗蛋白（%）	14.75
花生藤	35.0	钙（%）	0.78
油菜秸秆	12.0	磷（%）	0.40
小麦秸秆	10.0	食盐（%）	0.50
预混料	1.0	粗料合计（%）	57.0
磷酸氢钙	0.5		
食盐	0.5		
合计	100		

表8-76　哺乳期母羊全混合颗粒饲料配方及营养成分

原料（%）	配方94	营养成分	配方94
玉米	21.0	干物质（%）	85.80
小麦	9.5	消化能（Mcal/kg）	2.87
豆粕	8.0	粗蛋白（%）	14.75
菜籽饼	6.0	钙（%）	1.23
花生藤	35.0	磷（%）	0.57
金针菇菌糠	12.0	食盐（%）	0.50

（续表）

原料（%）	配方94	营养成分	配方94
稻草	7.0	粗料合计（%）	54.0
预混料	1.0		
食盐	0.5		
合计	100		

表8-77　哺乳期母羊全混合颗粒饲料配方及营养成分

原料（%）	配方95	营养成分	配方95
玉米	17.2	干物质（%）	86.80
小麦	10.0	消化能（Mcal/kg）	2.93
豆粕	8.0	粗蛋白（%）	14.75
菜籽饼	6.0	钙（%）	1.57
花生藤	35.0	磷（%）	0.40
杏鲍菇菌糠	12.0	食盐（%）	0.50
油菜秸秆	10.0	粗料合计（%）	57.0
预混料	1.0		
磷酸氢钙	0.4		
食盐	0.4		
合计	100		

表8-78　哺乳期母羊全混合颗粒饲料配方及营养成分

原料（%）	配方96	营养成分	配方96
玉米	16.0	干物质（%）	86.20
小麦	10.0	消化能（Mcal/kg）	2.75
豆粕	8.0	粗蛋白（%）	14.75
菜籽饼	6.0	钙（%）	1.35
花生藤	35.0	磷（%）	0.40
玉米秸秆	15.0	食盐（%）	0.52
大豆秸秆	8.0	粗料合计（%）	58.0
预混料	1.0		
磷酸氢钙	0.5		
食盐	0.5		
合计	100		

第四节 种公羊全混合颗粒饲料配方实例

一、非配种期种公羊全混合颗粒饲料配方实例

配方97～104为非配种期种公羊全混合颗粒饲料配方实例，适用于配种期过后 2～3周至配种前2～3周，详见表8-79至表8-83。

表8-79 非配种期种公羊全混合颗粒饲料配方及营养成分

原料（%）	配方97	配方98	营养成分	配方97	配方98
玉米	30.0	30.0	干物质（%）	86.3	85.9
豆粕	2.3	0.0	消化能（Mcal/kg）	2.89	2.89
菜籽饼	5.8	7.4	粗蛋白（%）	11.4	11.4
麸皮	6.0	5.9	钙（%）	1.08	0.76
花生藤	39.5	39.0	磷（%）	0.55	0.36
油菜秸秆	13.7	0.0	食盐（%）	0.54	0.50
玉米秸秆	0.0	16.0	粗料合计（%）	53.2	55
预混料	1.0	1.0			
磷酸氢钙	1.2	0.3			
食盐	0.5	0.4			
合计	100	100			

表8-80 非配种期种公羊全混合颗粒饲料配方及营养成分

原料（%）	配方99	配方100	营养成分	配方99	配方100
玉米	21.5	25.0	干物质（%）	86.00	85.60
豆粕	3.7	4.8	消化能（Mcal/kg）	2.63	2.63
麸皮	7.9	0.0	粗蛋白（%）	10.08	10.48
花生藤	41.0	48.0	钙（%）	1.31	1.60
玉米秸秆	16.0	20.0	磷（%）	0.32	0.40
稻草	8.0	0.0	食盐（%）	0.50	0.50
预混料	1.0	1.0	粗料合计（%）	65.0	68.0
磷酸氢钙	0.4	0.7			
食盐	0.5	0.5			
合计	100	100			

表8-81 非配种期种公羊全混合颗粒饲料配方及营养成分

原料（%）	配方101	配方102	营养成分	配方101	配方102
玉米	14.0	17.0	干物质（%）	86.70	86.10
小麦	12.0	10.4	消化能（Mcal/kg）	2.63	2.63
豆粕	4.9	3.5	粗蛋白（%）	10.78	10.10
花生藤	41.0	41.0	钙（%）	1.45	1.38
玉米秸秆	15.0	18.0	磷（%）	0.32	0.32
油菜秸秆	11.0	0.0	食盐（%）	0.54	0.50
稻草	0.0	8.0	粗料合计（%）	67.0	67.0
预混料	1.0	1.0			
磷酸氢钙	0.6	0.6			
食盐	0.5	0.5			
合计	100	100			

表8-82 非配种期种公羊全混合颗粒饲料配方及营养成分

原料（%）	配方103	营养成分	配方103
玉米	16.8	干物质（%）	86.30
小麦	12.0	消化能（Mcal/kg）	2.79
豆粕	4.7	粗蛋白（%）	10.80
花生藤	41.0	钙（%）	1.42
油菜秸秆	14.0	磷（%）	0.43
金针菇菌糠	10.0	食盐（%）	0.50
预混料	1.0	粗料合计（%）	65.0
食盐	0.5		
合计	100		

表8-83 非配种期种公羊全混合颗粒饲料配方及营养成分

原料（%）	配方104	营养成分	配方104
玉米	29.5	干物质（%）	85.9
菜籽饼	6.2	消化能（Mcal/kg）	2.84
麸皮	5.9	粗蛋白（%）	11.4
花生藤	33.0	钙（%）	0.87
玉米秸秆	14.0	磷（%）	0.42
金针菇菌糠	10.0	食盐（%）	0.54
预混料	1.0	粗料合计（%）	57

山羊全混合颗粒饲料配制与饲养新技术

（续表）

原料（%）	配方104	营养成分	配方104
食盐	0.4		
合计	100		

二、配种期种公羊全混合颗粒饲料配方实例

配方105～112为配种期种公羊全混合颗粒饲料配方实例，适用于种公羊配种期，详见表8-84至表8-88。

表8-84　配种期种公羊全混合颗粒饲料配方及营养成分

原料（%）	配方105	配方106	营养成分	配方105	配方106
玉米	30.5	28.1	干物质（%）	86.6	86.3
豆粕	14.5	13.9	消化能（Mcal/kg）	2.89	2.89
麸皮	5.0	5.0	粗蛋白（%）	14.8	14.8
花生藤	27.0	34.0	钙（%）	0.85	0.75
玉米秸秆	11.0	17.0	磷（%）	0.40	0.40
小麦秸秆	10.0	0.0	食盐（%）	0.54	0.54
预混料	1.0	1.0	粗料合计（%）	48	51
磷酸氢钙	0.5	0.5			
食盐	0.5	0.5			
合计	100	100			

表8-85　配种期种公羊全混合颗粒饲料配方及营养成分

原料（%）	配方107	配方108	营养成分	配方107	配方108
玉米	14.2	20.1	干物质（%）	86.50	85.80
小麦	9.9	9.8	消化能（Mcal/kg）	2.72	3.13
豆粕	9.8	7.0	粗蛋白（%）	14.75	14.75
菜籽饼	5.0	4.9	钙（%）	1.26	1.26
花生藤	35.0	37.0	磷（%）	0.40	0.40
玉米秸秆	24.0	0.0	食盐（%）	0.54	0.50
玉米皮	0.0	19.5	粗料合计（%）	59.0	56.5
预混料	1.0	1.0			
磷酸氢钙	0.6	0.4			
食盐	0.5	0.4			
合计	100	100			

200

表8-86　配种期种公羊全混合颗粒饲料配方及营养成分

原料（%）	配方109	配方110	营养成分	配方109	配方110
玉米	13.9	14.8	干物质（%）	87.20	87.2
小麦	11.0	10.0	消化能（Mcal/kg）	2.76	2.77
豆粕	10.0	15.0	粗蛋白（%）	14.75	14.75
菜籽饼	5.0	0.0	钙（%）	1.27	1.28
花生藤	33.0	33.0	磷（%）	0.40	0.40
油菜秸秆	13.0	13.0	食盐（%）	0.50	0.50
小麦秸秆	12.0	12.0	粗料合计（%）	58.0	58.0
预混料	1.0	1.0			
磷酸氢钙	0.6	0.7			
食盐	0.5	0.5			
合计	100	100			

表8-87　配种期种公羊全混合颗粒饲料配方及营养成分

原料（%）	配方111	营养成分	配方111
玉米	32.0	干物质（%）	86.5
豆粕	15.0	消化能（Mcal/kg）	2.79
花生藤	31.0	粗蛋白（%）	14.8
玉米秸秆	12.0	钙（%）	1.12
小麦秸秆	8.0	磷（%）	0.40
预混料	1.0	食盐（%）	0.50
磷酸氢钙	0.5	粗料合计（%）	51
食盐	0.5		
合计	100		

表8-88　配种期种公羊全混合颗粒饲料配方及营养成分

原料（%）	配方112	营养成分	配方112
玉米	21.8	干物质（%）	86.6
豆粕	10.3	消化能（Mcal/kg）	2.89
菜籽饼	6.0	粗蛋白（%）	14.8
麸皮	5.0	钙（%）	0.85
花生藤	41.0	磷（%）	0.40
油菜秸秆	14.0	食盐（%）	0.54
预混料	1.0	粗料合计（%）	55

（续表）

原料（%）	配方112	营养成分	配方112
磷酸氢钙	0.4		
食盐	0.5		
合计	100		

主要参考文献

白成斌. 2010. 1~90d关中奶山羊能量营养需要研究[D]. 杨凌：西北农林科技大学.

包付银. 2007. 波尔×隆林杂交育成羊育肥期能量和蛋白质营养需要的研究[D]. 南宁：广西大学.

曹素英，李建国，韩建勇，等. 2005. 波尔山羊育肥期能量和蛋白质营养需要的研究[J]. 畜牧与兽医，37（1）：7-9.

陈代文. 2003. 饲料添加剂学[M]. 北京：中国农业出版社.

陈代文，王恬. 2011. 动物营养与饲料学[M]. 北京：中国农业出版社.

陈继发，康克浪，曲湘勇. 2018. 蒙脱石的作用机制及其在家禽生产中的应用[J]. 动物营养学报，30（4）：1 217-1 223.

陈艳瑞. 2010. 1~90d龄关中奶山羊蛋白质营养需要量研究[D]. 杨凌：西北农林科技大学.

邓奇风，高凤仙. 2015. 甘薯渣的开发与应用[J]. 饲料博览（9）：47-49.

刁其玉，张乃锋. 2017. 南方地区经济作物副产物饲料化利用技术[M]. 北京：中国农业出版社.

刁其玉. 2000. 山羊的营养需要及肥育（上）[J]. 中国草食动物，1：38-40.

刁其玉. 2000. 山羊的营养需要及育肥（续完）[J]. 中国草食动物，3：34-35.

董凌云. 2013. 饲喂颗粒日粮对妊娠母羊采食和消化代谢的影响[D]. 乌鲁木齐：新疆农业大学.

反刍动物营养与生理实验室. 2016. 反刍动物生理与营养研究论文摘要汇编[M]. 北京：中国农业出版社.

侯玉洁，曾柳根，王玉兰，等. 2016. 苹果渣的营养成分及其在动物生产中的应用研究进展[J]. 广东饲料，25（2）：39-43.

黄帅，朱海琼，史雷，等. 2015. 能量水平对生长期陕北白绒山羊生长性能及营养物质消化代谢的影响[J]. 动物营养学报，27（12）：3 931-3 939.

计成. 2010. 动物营养学[M]. 北京：高等教育出版社.

冀凤杰，王定发，侯冠彧，等. 2016. 木薯渣饲用价值分析[J]. 中国饲料（6）：37-40.

解祥学，杜红方，陈书琴，等. 2016. 外源酶制剂在反刍动物上的应用与展望[J]. 动物营养学报，28（4）：1 011-1 019.

刘鹤翔. 2006. 不同营养水平补饲对湘东黑山羊肥育羔羊生产性能的影响[D]. 长沙：湖南农业大学.

卢焕玉，李杰. 2010. 大豆秸秆作为粗饲料的营养价值评定[J]. 中国畜牧杂志，46（3）：36-38.

孟梅娟. 2015. 非常规饲料营养价值评定及对山羊饲喂效果研究[D]. 南京: 南京农业大学.

唐伟红. 2006. 浅谈颗粒饲料质量的影响因素[J]. 饲料工业（19）: 2-3.

万凡，马涛，杨开伦，等. 2016. 微生态制剂在肉羊营养与饲粮中的应用[J]. 家畜生态学报，37（9）: 71-75.

王丽，张英杰，刘月琴，等. 2014. 饲粮白酒糟添加水平对山羊生产性能、营养物质表观消化率及血清生化指标的影响[J]. 动物营养学报，26（2）: 519-525.

魏彩虹，刘丑生. 2014. 现代肉羊生产技术大全[M]. 北京: 中国农业出版社.

吴剑波，姚焰础，董国忠. 2016. 柑橘渣在动物饲料中的应用研究进展[J]. 中国畜牧杂志，52（13）: 95-99.

杨成和. 2005. 不同营养水平对内蒙古白绒山羊繁殖性能及产绒性能的影响[D]. 北京: 中国农业大学.

杨久仙，宁金友. 2006. 动物营养与饲料加工[M]. 北京: 中国农业出版社.

张宏福，张子仪. 1998. 动物营养参数与饲养标准[M]. 北京: 中国农业出版社.

张乃锋. 2017. 新编羊饲料配方600例[M]. 北京: 化学工业出版社.

张英杰. 2014. 养羊手册[M]. 北京: 中国农业大学出版社.

章文明，高俊，董延. 2015. 影响饲料混合均匀度的因素及其在中国的现状[J]. 饲料与畜牧（4）: 59-63.

中国标准出版社. 2017. 饲料工业标准汇编（第五版）（上册）[M]. 北京: 中国标准出版社.

中国标准出版社. 2017. 饲料工业标准汇编（第五版）（中册）[M]. 北京: 中国标准出版社.

中国标准出版社. 2017. 饲料工业标准汇编（第五版）（下册）[M]. 北京: 中国标准出版社.